響灘洋上風力発電に反対する

KAJIHARA Kazuyoshi
梶原一義

日本評論社

はじめに

いま、福岡県北九州市若松区の北海岸、つまり響灘（ひびきなだ）埋立地の沖合に、「北九州響灘洋上ウインドファーム」という国内最大規模の風力発電施設が建造されている。

この事業を行っているひびきウインドエナジー株式会社によると、若松区の北海岸と、国家石油備蓄基地がある白島（しらしま）との間の東西一一km、南北一～一〇kmほどの約二七〇〇ヘクタール、水深約八～三〇mの海域に、海面からの高さ約二〇〇mで設備容量九六〇〇kW（キロワット）の大型風車を二五基設置して、トータルで最大出力二二万kWの発電所となる。最も陸地寄りの風車の海岸との離隔距離は一・八kmである。

年間発電量は約五億kWh（キロワット時）が見込まれ、これは北九州市の総世帯数（約四四万世帯）の約四割、約一七万世帯分の消費電力量に相当する。kWh当たり三六円の固定価格で、二〇年間に渡って九州電力に売電していく。総工費は約一七〇〇億円で、すでに二〇二三年三月に着工されており、二五年度中に運転を開始する。

現在、国内で最も出力が大きい風力発電所は青森県つがる市の農地に設置されている「ウインドファームつがる」で、最高九八ｍの風車三八基による総出力一二万一六〇〇kWは一般家庭約九万世帯分の電力供給に相当する。響灘洋上ウインドファームの風車の高さはウインドファームつがるの風車の倍で、最大出力も倍近い。響灘洋上ウインドファームより規模の大きな洋上風力発電計画が北海道石狩市沖や秋田県沖、和歌山県沖、佐賀県唐津市沖、鹿児島県薩摩半島西岸などで進められているが、同ウインドファームは二五年度中の完成時は国内最大規模の風力発電所となる。

風力発電は、地球温暖化対策として導入が進められている再生可能エネルギーの一つである。風の力を利用して巨大な翼（ブレード）を回転させ、そのエネルギーを使って発電機により電気に変換する発電方法だ。現在は翼三枚の風車が主流である。日本風力発電協会によると、一九九〇年代半ばから建造が進み、二三年までに陸上風力発電を主として全国で二六二六基が建造されている。洋上風力発電は、風力発電を海で行うもので、響灘洋上ウインドファームは、基礎構造物を海底に埋め込んで、その上に風車の支柱を固定する着床式である。現在行われている海洋工事として風車基礎工事や海底ケーブル敷設工事、風車据付、風車試運転などがあり、陸上工事は変電所工事や運転・保守拠点港工事、ヤード整備・風車仮組立などがある。

風車の支柱の高さは海面から約一一〇m。三枚のブレードの直径は一七四mであり、ブレードの最高到達点は海面から約二〇〇mにもなる。国内の風力発電では最大の風車である。

北九州市小倉北区砂津にチャチャタウン小倉という人気スポット（複合商業施設）があり、ゴンドラ数三六台の観覧車がある。この観覧車の直径は五〇mで、全高六〇mだから、響灘洋上ウインドファームの風車の高さは、その三倍以上である。若松区民の憩いの場であり、山頂から北九州市の市街地全景が映し出されることが多い高塔山の標高は一二四m。その東三㎞ほどにある若松区の最高峰、石峰山の標高は三〇二m。ということは、響灘洋上ウインドファームの風車は高塔山と石峰山の中間くらいの高さである。

これほどの巨大風車が若松区のすぐ沖合に二五基も設置されると、景観が激変するだけでなく、風車が発する低周波音による住民の健康被害なども懸念される。それ以前の工事の段階で巨大風車二五基の基礎杭を海底に埋め込む作業により海底が破壊され、海洋環境の著しい悪化をもたらす。

ところが、このように環境の激変をもたらす国内最大の風力発電施設の建造が進んでいるのに、市民の関心は薄い。筆者の郷里若松区の誰と会っても、響灘洋上ウインドファームが話題にのぼることはない。「聞いたことはあるけど」という人がたまにいる程度で、ほとんどの人は知らないし、関心がないようだ。

昨今、風力発電による環境破壊や景観破壊、健康被害が問題となり、各地で風力発電建造反対の運動が起きている。響灘をはさんだ若松の対岸、山口県下関市では市民たちが九年がかりの反対運動で前田建設工業による安岡沖洋上風力発電計画を凍結させている。佐賀県の唐津ではいくつもの洋上風力発電計画の中止を求める漁業者たちが約一万九〇〇〇筆もの反対署名を集めて佐賀県知事に提出している。

全国的にそういう動きが広まっているだけに、北九州市民たちが地元で建造中の全国最大規模の風力発電施設への関心が薄いことに違和感を覚える。「洋上風力発電建造に反対しろ」と煽る気持ちなど毛頭ないが、あまりの無知、無関心ぶりに驚く。

なぜそうなっているのか。

それは、北九州市当局とひびきウインドエナジーによる響灘洋上ウインドファーム建造についての情報公開が少ないからである。なにしろ、地元の理解を得る上で最も重要な近隣地域での住民説明会を行わないまま着工し、建造を進めているようである。「反対運動が起きると面倒だ。市民が気づかないうちに、とにかく造ってしまえ」という意図があるようにしか思えない。

北九州市はかつて公害を克服してきた歴史があるため環境問題にことのほか力を入れている都市のはずである。また、他の自治体の模範となるべき政令指定都市である。

ところが、環境破壊などを棚上げにして市民に内緒で建造している響灘洋上ウインドファームはいただけない。一体、どうなっているのか。

目次

第六章　低周波音による健康被害は世界の常識……85

第七章　地震と津波の風車への影響……119

第八章　広大な埋立地の沖に巨大な風車群……131

第一章

〝環境先進都市〟のお粗末な住民対応、広報・周知体制

市の意気込み

ＳＤＧｓ未来都市を標榜する北九州市の洋上風力発電にかける気持ちは強い。広大な埋立地と港湾機能を有する若松区響灘地区で、一一年から風力発電などエネルギー関連産業の集積を目指す「グリーンエネルギーポートひびき」事業を進めている。ＳＤＧｓは、持続可能な開発目標の略称である。市のホームページではグリーンエネルギーポートひびき事業の目的について、こう記されている。

「国の第五次エネルギー基本計画では、再生可能エネルギーの主力電源化に向けた取組が進められており、洋上風力発電は、平成三一年の『再エネ海域利用法』の施行などにより、その中核として導入が進められています。また、洋上風力発電は海洋調査、風車・基礎及びその他設備の製造・組立・建設、

海洋土木工事、O&M(運転管理とメンテナンス)など産業の裾野が広く、経済効果や雇用創出効果が期待できるといわれています。そのため、響灘地区の特徴を活かし、『風力発電関連産業の総合拠点化』を進めることにより、港湾、臨港地区における産業・物流の活性化、さらには、北九州市における経済活性化等に貢献します。」(注:再エネ海域利用法は海洋再生可能エネルギー発電設備の整備に係る海域の利用の促進に関する法律。O&Mはオペレーション&メンテナンスの略)。

そして北九州市は、一六年七月に「港湾における洋上風力発電施設等の導入の円滑化」などを柱とする改正港湾法が施行されたのを受け、洋上風力発電の適地確保のため響灘の港湾区域を拡張した。同年八月に、響灘の北九州港港湾区域に大規模な洋上ウインドファームを誘致する「響灘洋上風力発電施設の設置・運営事業者」の公募を実施。翌一七年二月に、九電みらいエナジー、電源開発、北拓、西部瓦斯、九電工の五社から成るコンソーシアム(共同事業体)が同事業者の占用予定者(優先交渉者)として選定され、同四月にこの五社が特別目的会社ひびきウインドエナジーを設立し、事業が始まったというのが、響灘洋上ウインドファームの経緯である。

ひびきウインドエナジーにおける五社の出資比率は、電源開発が四〇%、九電みらいエナジー三〇%、残り三社が各一〇%である。ちなみに九電みらいエナジーは、九州電力が株式の一〇〇%を保有する会社で、風力や太陽光、バイオマス、地熱、水力など再生可能エネルギー発電設備の自社開発・保有を基本とした事業を展開している会社だ。

国は、国内の温暖化ガスの排出を二〇五〇年までに実質ゼロとする「二〇五〇年カーボンニュートラル」を目標に再生可能エネルギーの導入を進めており、その切り札とされているのが洋上風力発電である。北九州市の洋上風力発電建造は、こうした国のエネルギー政策を受けてのものである。

北九州市とひびきウインドエナジーにとって心強いのは、響灘エネルギー産業拠点化推進期成会という地元の政財官学が結集した強力な応援団が組織されていることだ。一五年七月に設立された同会の会長は北九州商工会議所会頭と九州経済連合会会長の二人、副会長は北九州市長や福岡経済同友会代表幹事など一一人、理事はひびき灘開発株式会社社長など一〇人、顧問は福岡県知事と国立大学法人九州工業大学学長の二人である。九州経済の中心を占める福岡県と北九州市の政財官学のＶＩＰ全員が顔を揃えている。

かつて北九州市は、京浜、中京、阪神と並ぶ四大工業地帯の一つと呼ばれ、鉄鋼や化学、造船、窯業、機械など重厚長大型のメーカーが牽引してきた。だが、一九七三年の第一次石油危機以降、市の基幹産業を揺るがす〝鉄冷え〟によって徐々に衰退してきた。市の製造品出荷額等はピーク時（八五年）に二兆七三九八億円だったのが二〇年は二兆一〇九九億円と、二三％も減っている。市の人口はピーク時（七九年）に一〇七万人だったのが二四年一〇月は一五％減の九一万人である。

そういう厳しい状況を脱するために、北九州市は洋上風力発電の総合拠点化を進めて産業振興、雇用増加、街起こしを目指している。市の洋上風力発電にかける気持ちは熱く、その端緒となる響灘洋上ウインドファームの建造を急いでいる。

セミナーや自治会対応、環境アセスメント説明会など様々に

しかし、響灘洋上ウインドファームは環境の激変、悪化をもたらすものである。巨大風車二五基もの基礎工事で海底が破壊され、完成後は景観が破壊される。野鳥が巨大風車に衝突するバードストライクが起きる恐れが強く、さらに巨大風車が発する低周波音による近隣地域住民の健康被害の懸念もある。北九州市にとっては港湾事業の一つでしかないという位置づけかもしれないが、市民には重大な影響を及ぼす。

そういう重要事案でありながら、市当局は近隣住民への説明会などを開催して丁寧に説明する努力を怠っている。だから、市民は知らず、関心も薄い。これが最大の問題である。風力発電の是非ではなく、市民に十分な説明をせず、考えさせないで建造を進めていることが問われるのである。市民への説明が足りないから、洋上風力発電の総合拠点化に向けた市の熱い思いだけが上滑りした、おかしな状況になっている。

響灘洋上ウインドファームの事業主体であるひびきウインドエナジーは一七年四月の会社設立直後から環境影響評価（環境アセスメント）などを行ってきた。だが、環境アセスメントは事業を行いたい事業者が一方的に行い、「環境に影響はありません」といった自社に都合の良いデータを集めがちな面が

あるため、一般的に信頼度は低い。環境アセスメントの過程で公表される環境影響評価方法書や同準備書といった関連文書も住民にはわかりにくい上に、それらの閲覧も不便である。だから、大きな工事を伴う事業を始めるに際して最も重要なのは、計画段階から広く地元住民などに事業概要を伝えて意見を求める本来の意味の住民説明会である。響灘洋上ウインドファームは、それがおろそかだったとしか見えない。

同ウインドファームに関して「着工前に周辺住民に向けて実施された説明会」の詳細について、市の担当部署である港湾空港局エネルギー産業拠点化推進室エネルギー産業拠点化推進課にメールで問い合わせたところ、二四年八月一日に以下の返信をもらった。

「ご回答します。本事業につきましては、二〇一七年二月の公募事業者を選定以降、関係自治会及び市民向けの説明会を実施してきたところです。主なところでは、二〇一七年四月の市政だより掲載を皮切りに、同年夏頃に関係自治会への説明を実施。市民向けには、二〇一七年九月に住民説明会、二〇一八年二月には洋上風力セミナーを若松市民会館にて開催。加えて、同会館では、環境影響評価にかかる説明会を二〇一八年四月、二〇二〇年七月と開催しております。その後も、複数回に渡り関係自治会への説明を実施しているところでございます。」

このメールに先立って、同課から「本事業の公募事業者であるひびきウインドエナジー㈱さんのホームページより工事進捗等が閲覧できますので参考にご覧いただければと存じます。」というメールを受け取っていた。

確かに『市政だより』の一七年四月一日号のトップ記事（A4一枚分）として「風力発電関連産業のアジア総合拠点を目指して」という記事がある。「特集 洋上風力発電」という副題が付されて、若松の響灘地区に国内初の大規模商用洋上ウインドファームを誘致することなどについて解説されている。しかし、風力発電関連産業に賭ける市の意気込みが感じられるだけで、巨大な風車がたくさん造られることによる環境や景観への影響などについては一行も触れられていない。あくまでも市のPR記事でしかない。

一八年二月に若松市民会館で開催された洋上風力セミナーは「洋上風力発電セミナー〜人への影響はあるか？ 疑問に答える〜」と銘打ったもので、五六人が来場。社外講師による洋上風力発電の運転音の人への影響等に関する基調講演、パネルディスカッションが行われている。運転音に関する有意義なセミナーではあるが、一般論の域を出ず、「響灘洋上ウインドファームについての住民説明会」にはなっていない。

「一七年夏頃の関係自治会への説明と二〇年七月以後の複数回に渡る関係自治会への説明」は、どうか。関係自治会への説明とは随分きめ細かな対応と感心して、ひびきウインドエナジーに実施地域などを問い合わせたところ、「風車建設エリア周辺の自治会長に事業の概要や工事の進捗状況について定期的に説明しています。具体的な町名も含め、具体的な内容につきましては、事業運営上の理由から回答を控えさせて頂きます。」とのこと。自治会員たちを集めての説明会ではなく、自治会長個人への説明なら、住民説明会にはならない。どこの自治会かも非公表だから、「実態は不明」としか言いようがない。

確認できた来場者数は一五五人

次に「若松市民会館では、環境影響評価にかかる説明会を二〇一八年四月、二〇二〇年七月と開催しております。」は、どうか。これは環境アセスメントの過程で事業者が作成する「方法書」と「準備書」の説明会であり、ひびきウインドエナジーのホームページに「二〇一八年四月の説明会（方法書）への来場者は二八人」「二〇二〇年七月の説明会（準備書）は同二六人」とある。来場者がほぼ同数なので、「これらの方々は貴社があらかじめ選定して召集した人たちですか？　もしそうであれば、これらの方々の役職を教えて下さい」と聞いたところ、「説明会は広く市民のみなさまをはじめ、一般の方を対象にしたものです。」との回答だった。

最後に、最も重要な「二〇一七年九月の住民説明会」はどうか。

ひびきウインドエナジーの回答は、「九月二一日、一九時～二〇時。若松市民会館大ホールで開催いたしました。」とのこと。国内最大の風力発電事業を政令指定都市で行うための住民説明会となると、事業概要説明や質疑応答などで数時間は要するのではないか。それをわずか一時間で行えるのかと思い、市民への呼びかけの公告文書や会場風景の写真、来場者数を求めたところ、呼びかけ文書については、

『市政だより』一七年九月一五日号に掲載されております」とのこと。確かに「響灘洋上風力発電事業の事業化調査に関する説明会」というタイトルの四行の告知記事で、「事業実施予定の企業が説明します。…」とあった。ひびきウインドエナジーによると、この説明会の来場者は四五人。そして、「説明会は広く市民のみなさまをはじめ、一般の方を対象にしたものであり、内訳など具体的な内容については、事業運営上の理由から回答を控えさせて頂きます」とのことだった。

ひびきウインドエナジーが公表している事業説明資料の中に、「これまでの主な取り組み（事業者選定、事業化調査、着工）」とあり、その中で一六〜二一年度の六年間における事業化調査として風況調査、海域調査、環境アセスメント、詳細設計が挙げられている。とすると、「事業化調査に関する説明会」というのは、これらについての関係業者向け説明会であろう。これを「住民説明会」とするのは無理があるのではないか。この告知記事に一般市民が反応するとは思えない。市民向けの告知なら「響灘洋上風力発電事業に関する市民の皆さまへの説明会」となるだろう。また、そういう説明会であったのなら議事内容などを非公表にする必要もないだろう。

洋上風力発電に熱心な佐賀県は、対象地域である唐津市で住民説明会を行っている。例えば二三年一〇月一九日付で、報道機関向けに「洋上風力発電事業について唐津市住民への説明会を開催します」というプレスリリースを発しており、実施する相賀地区と湊地区での開催日時や場所を案内している。同じく洋上風力発電に熱心で、「環境維新のまちづくり」を進めている鹿児島県いちき串木野市も詳細な説明資料を制作して住民説明会を定期的に行っている。そして、「第一回西薩海域における洋上風力発電に関する地区説明会（要約版）」といった資料を市のホームページで公開している。佐賀県もいちき串木野市も、洋上風力発電の導入を進める理由を住民に理解してもらう努力をしている。これが、洋上風力発電を誘致する自治体による「まともな住民説明会」の手順である。

結局、八月一日に北九州市のエネルギー産業拠点化推進課からもらった回答メールの項目で、内容や来場者などの確認が取れたのは、ほんの一部でしかない。一八年二月の洋上風力発電セミナーの来場者数五六人と、環境影響評価にかかる一八年四月の説明会の来場者二八人と二〇年七月の二六人、一七年九月の「事業化調査に関する説明会」の来場者四五人である。来場者の合計は一五五人にすぎない。佐賀県やいちき串木野市が実施しているような「まともな住民説明会」が行われた形跡は認められなかった。

順番が逆

市の港湾空港局とひびきウインドエナジーによる響灘洋上ウインドファームについての広報・周知の努力は認められる。広報紙への掲載、洋上風力発電セミナー開催、環境影響評価に係る二度の説明会など、形の上では整っている。市が思っているように「一港湾事業を進める手続き」として、問題はないのだろう。

だが、「自治会長への説明」や「事業化調査に関する説明会」など実態が不明なものが多い上に、確認できたトータルの来場者一五五人も過少としか言えない。

しかも、どのイベントも一七年から二〇年にかけての散発的なものでしかない。建造が進んでいる現在から見れば時期が古い上に散発的で、広報・周知が十分ではないから、今日、響灘洋上ウインドファームについて知っている、理解している市民は少ないというより、おそらくいないはずである。市民の話題になるはずがない。

北九州市の人口は約九一万人であり、響灘洋上ウインドファームの建造が進んでいる若松区の人口は約七万八〇〇〇人である。この政令指定都市のすぐ沖合の東西一一㎞、南北一～一〇㎞という広い海域に、高さ二〇〇mの巨大風車を二五基並べて国内最大の風力発電施設を建造する総工費一七〇〇億円のビッグプロジェクトにしては、市民への広報・周知体制はあまりに貧弱としか言いようがない。同ウインドファームの全体像や建造に際しての海底破壊、完成後の巨大風車による景観の破壊、バードストライクの懸念、低周波音による健康被害など重要なことについて北九州市民、若松区民に秘匿したまま、建造を進めていると見られても仕方がない。同ウインドファームは諸々の重大な問題を数多く抱えており、「一港湾事業」で済む話ではないのである。

各地で風力発電への反対の動きが強まっているため、国は「風力発電事業では住民の合意形成に向けた地域とのコミュニケーションの充実が重要」ということを繰り返し訴えている。例えば、経済産業省と環境省が組織した「再生可能エネルギーの適正な導入に向けた環境影響評価のあり方に関する検討会」（座長：大塚直早稲田大学法学部教授）の令和四年度報告書の冒頭、「本検討会の背景」には、こうある。

「風力発電は規模にかかわらず立地場所の特性による環境影響が懸念される場合があることから、風力発電の円滑な立地の促進のためには、地域における合意形成に対する配慮が肝要であり、事業が進まないリスクを未然に回避するよう、適正な環境配慮の確保及び地域とのコミュニケーションの充実の観点から所要の措置を講ずることが必要であるとされた。具体的には、二〇五〇年までのカーボンニュートラルの実現に向け、再生可能エネルギーの最大限の導入が待ったなしであることや、地域における風力発電に係る環境影響への懸念の高まりつつあること、一部の発電事業者の地域におけるコミュニケーションのあり方が問われる事態も懸念されていること、気候変動問題と同様に生物多様性保全も地球規模での喫緊の課題であることなども踏まえて検討を行い、以下の措置を講ずるべきとされた。（以下略）」

二〇二四年四月から施行されている改正再エネ特措法（同特措法については後述）の目玉は、「周辺地域住民への説明会・事前周知」が事業認定の要件となったことである。

響灘洋上ウインドファームは、「地域とのコミュニケーションの充実」が疑わしいまま、すでに二〇二三年三月に着工されている。着工の翌月に開催された起工式に出席した武内和久・北九州市長は「脱炭素に向けたエネルギーインフラを本市発展の起爆剤とし、最後まで支援する」という旨の話をしている。

しかし、順番が逆ではないのか。

市民らに事業概要や環境への影響などを十分に説明し、その上で賛意が得られたら着工するというのが筋だろう。それらを怠ったまま着工し、市長が起工式に出席して「最後まで支援する」と発言するのは、フライングではすまされないのではないか。

風力発電計画について、反対運動が起きている地域もあれば、そうでない地域もある。それは風力発電を計画する事業者が地元住民や自治体などに事業概要などを説明した上でのことであり、オープンかつ正々堂々としたものだ。住民説明会では賛否両論、侃々諤々、色々あるだろう。その上で、建造に際して諸々の条件が付けられたりして稼働にこぎつけた事業も多いはずである。それと真逆なのが、北九州市の響灘洋上ウインドファームである。

そうは思いたくないが、市当局とひびきウインドエナジーは響灘洋上ウインドファーム建造の動きを市民に知られないように隠し続けてきたのではないか。

「各地で風力発電反対の動きが広まっており、響灘洋上ウインドファームも反対運動が起きるかもしれない。ならば市民たちには極力知らせないで工事を進めることが賢明だ」

そういう意図がなかったと言えるのか。

響灘洋上ウインドファームはまだ完成しているわけではない。今後、市民の反対意見が強まり、計画中止となったら、二五基分を破壊している海底を元に戻せるのか。武内市長は市民に詫びを入れるのか。

建造中の風車が撤去させられたケースもある。

北九州市当局とひびきウインドエナジーは、工事を進めて事業の既成事実化を図るのではなく、直ちに地元若松区などで丁寧な住民説明会を実施すべきである。

「風車はとにかく建てれば勝ち。後で訴えられても大丈夫」という意識

風力発電が日本よりずっと多い欧州では、特に低周波音による健康被害への懸念が強い。そのため、陸上に建造するのが難しくなり、海岸から遠く離れた洋上に建造されるようになってきた。

電力中央研究所が一九年一一月に出した「再エネ海域利用法を考慮した洋上風力発電の利用対象海域に関する考察」という研究資料によると、洋上風力発電の立地が原則として認められる離岸距離は英国とドイツ、オランダでは一二海里（二二・二km）以上、デンマークは一二・五km以上、中国は一〇km以上である。

日本の環境省は、風力発電からの低周波音による健康被害を認めていない。再生可能エネルギーの導入を進める官庁として風力発電の欠点を認めるわけにはいかないのだろう。そのため、日本で洋上風力発電を計画している事業者は住民の低周波音被害を考慮する必要がなく、海岸から数km以内の海域に立地しようとしている。響灘洋上ウインドファームをはじめ、後述する北海道の石狩市沖や秋田県沖、佐賀県唐津市沖、鹿児島県の薩摩半島西岸などである。洋上風力発電といいながら、陸上風力発電と大

差ない沿岸風力発電だ。

国（環境省など）が、風力発電による低周波音被害を認めていないから、近辺の住民が出来上がった洋上風力発電施設に苦情を言っても相手にされないだろう。「低周波音で不眠症などがひどいから風車を撤去してくれ」と裁判を起こしても、絶対に勝てない。実際、これまで風車による低周波音被害をめぐる裁判はいくつかあったが、「明確な規制基準がないから」という理由で、すべて住民側が敗訴している。低周波音被害の症状が辛いなら、低周波音が届かない所に引っ越して行くしかない。事実、これまで風車被害に遭ってきた人たちの多くが引っ越している。

逆に風力発電を計画する事業者としては、「風車はとにかく建てれば勝ち。後で訴えられても大丈夫」という意識になる。建設中に住民たちからクレームを付けられた事業者は、「稼働後に問題が起きたら対処します」と必ず言う。しかし、稼働後に被害を訴えられて風車を撤去したケースは聞かない。良心的な事業者が夜間の運転を停止してくれるくらいだ。

北九州市当局やひびきウインドエナジーが、どういう意識で響灘洋上ウインドファームを建造しているのか、わからない。

だが市民たちは、ある日突然、すぐ沖合に高さ二〇〇ｍの巨大な風車がたくさん立ち並び、景観が一変しているのに気づくことになる。そして完成後は、その景観の破壊や、バードストライク、絶えざる低周波音による健康被害の恐れと直面しなければならない。

「世界の環境首都を目指す」と言うが

かつて北九州市は工場排水と工場煤煙の街だった。特に一九六〇年代頃が最悪で、洞海湾は溶存酸素濃度ゼロのため、魚介類はおろか大腸菌すら生息できない「死の海」と呼ばれた。八幡製鉄所や三菱化成などを控えた重要港でありながら、酸性廃液のため船舶のスクリューが溶けてぼろぼろになる有様だった。

公害対策に最初に立ち上がったのは、工場煤煙による子どもたちの健康悪化を心配した戸畑区中原、三六の母親たちである。煤塵や排水をまき散らす工場に勤める夫に遠慮して公害を我慢していたが、ついに決起して煤塵測定など独自の調査を行い、そのデータを工場や行政に突き付けて改善を図っていった。

戸畑の母親たちの努力から始まって、北九州市は公害を克服し、環境問題にはことのほか敏感な都市になった。〇六年に環境保全の取り組みを推進するための行動計画「環境首都グランド・デザイン」を策定し、以後、国からいくつもの賞を受けている。〇八年には低炭素社会の実現に挑戦する「環境モデル都市」に選定され、一一年には持続可能な経済社会システムの実現を目指す「環境未来都市」に選定されている。同じく一一年にはＯＥＣＤ（経済協力開発機構）から、経済と環境が両立する「グリーン成長都市」に選ばれた。いま北九州市はＳＤＧｓ未来都市を標榜し、「世界の環境首都」を目指している。

どれも結構な勲章、目標だが、実態を伴っているだろうか。そういう都市像が浸透しているとは到底思えない。響灘洋上ウインドファームをめぐる市民対応を見る限り、環境モデル都市、環境未来都市、グリーン成長都市、ＳＤＧｓ未来都市、世界の環境首都とは真逆の姿としか思えない。「世界の環境首都を目指す」など、どの口が言うのか。

「世界の環境首都を目指す」と言うなら、環境を激変させる響灘洋上ウインドファームについての情報を、メディアを使って市民に提供し、市民の賛意が得られたら着工するというスタンスが必要であった。市民の賛意が得られないなら、事業を中止する。それくらいの懐の深さを見せてほしかった。まして、北九州市は他の自治体の模範となるべき政令指定都市ではないか。

北九州市には「北九州市民環境行動10原則」がある。

1. 市民の力で、楽しみながらまちの環境力を高めます
2. 優れた環境人財を産み出します
3. 顔の見える地域のつながりを大切にします
4. 自然と賢くつきあい、守り、育みます
5. 都市の資産（たから）を守り、使いこなし、美しさを求めます
6. 都市の環境負荷を減らしていきます
7. 環境技術を創造し、理解し、産業として広めます

8．社会経済活動における資源の循環利用に取り組みます
9．環境情報を共有し、発信し、行動します
10．環境都市モデルを発信し、世界に環を拡げます

どれも深い意味がある。ほんの半世紀前まで「日本一の公害都市」と蔑視されてきたことへの反省に立った言葉の数々であろう。こういう言葉をただのスローガンにしてはならない。いま市民に内緒で建造している響灘洋上ウインドファームと、この市民環境行動10原則を照らしたら、どうだろうか。

「観光の目玉」か

一つ、驚いたことがある。それは、市当局が響灘洋上ウインドファームを観光の目玉くらいにしか考えていないのではないかということだ。

響灘臨海工業団地や響灘廃棄物処分場など埋立地には、高さ約一〇〇mで出力一五〇〇kWの風車が一七基あった。特に、日鉄エンジニアリングなどが出資しているエヌエスウインドパワーひびきという企業が響灘北緑地で稼働させていた一〇基（総出力一万五〇〇〇kW）は、陸上風車の黎明期であった〇三年から響灘埋立地のランドマークとして、ドライブやウォーキング、ジョギングで訪れる人たちの憩いの場になっていた。とりわけ夕陽と風車のコントラストがすばらしく、沖合の島々の眺望とも相まって、その光景を写真に収める人も多かったそうだ。

これらの風車は建造から二〇年以上経過し、修理が頻繁になってきたため、最近、相次いで撤去された。この件について、北九州市港湾空港局は二三年二月九日に、「(株)エヌエスウインドパワーひびきの風車の撤去について(報告)」という文書(経済港湾委員会資料)を発している。その末尾には、こうある。

「本市は、これまでこの風車一〇基が担ってきた産業面や観光面における役割を、本年三月に着工し、令和七年度中に稼働を予定している公募事業『響灘洋上ウインドファーム事業』へしっかりと引き継いでまいります。」。

堅い決意の文書だが、なんだか違和感がある。総出力一万五〇〇〇kWの旧一〇基と響灘洋上ウインドファームの二五基(総出力二二万kW)は、けた違いである。同ウインドファームは、建造中の海底破壊や完成後の景観破壊、低周波音被害、バードストライクなどの懸念が俄然高まってくるから、市民たちに事業計画や環境対策などを十分に説明しなければならない重大な事業である。ノスタルジックな一〇基との単なる代替ではない。

ところが、「産業面や観光面における役割を『響灘洋上ウインドファーム事業』へしっかりと引き継いでまいります」と結ばれている。「観光面の役割」というのが、市当局の本音なのか。沿岸に巨大風車が二五基も立ち並べば、響灘の景観は完全に破壊される。しかし、市当局は巨大風車二五基が「観光の目玉になる」と思っているのか。その意識の違いに驚いた。

国内最大の響灘洋上ウインドファームは、再生可能エネルギーの一翼を担う風力発電の現状を象徴している。響灘洋上ウインドファームについての理解を深めるためにも、最近の風力発電をめぐる動きを掘り下げていく必要があるだろう。

確かにクリーンなエネルギーではあろうが、反面、環境破壊、景観悪化、健康被害、シャドーフリッカー（風車の影）の被害、バードストライク、巨大風車が津波に襲われた場合の影響、稼働終了後の風車撤去の問題など懸念も多い。各地で風力発電建造に反対する動きが強まっているのは、そのためだ。シャドーフリッカーは、晴天時にブレードの影が回転して住宅など地上部に明暗が生じ、住民が不快感を覚えることである。そうした状況について、以下の章で、各分野の専門家の意見を紹介しながら報告していく。風力発電の問題を掘り下げると、この国の歪みが見えてくる。

第二章

国民の負担金で再生可能エネルギーを導入する仕組み

FIT制度と再エネ賦課金

太陽光や風力など再生可能エネルギーの導入加速の契機となったのが九七年の京都議定書の採択である。京都市で開催された国連気候変動枠組条約第三回締約国会議（COP3）で、採択されたものだ。地球温暖化の原因となる二酸化炭素やメタン、亜酸化窒素、ハイドロフルオロカーボンなど六種の温室効果ガスについて、九〇年を基準として国別の削減率を定め、約束期間中に目標値を達成することが定められたのである。この京都議定書の目標達成に向けた施策として、太陽光や水力、地熱、バイオマス、風力など再生可能エネルギーの導入が加速した。

再生可能エネルギーは石炭や石油など有限の資源ではなく、自然界に存在するエネルギーとして、エネルギー源が枯渇しない、温室効果ガスの削減に貢献する、エネルギー自給率向上に貢献できる、といったメリットがある。その一つである風力発電は、主として山間部や海岸など陸上で、高さ約一〇〇m、出力一五〇〇kWくらいの風車のものから普及してきた。

一一年三月の東北地方太平洋沖地震と津波により東京電力の福島第一原発事故が起きたこともあり、再生可能エネルギーへの期待がさらに高まった。そのために一二年七月に施行されたのが再生可能エネルギー特別措置法（再生可能エネルギー電気の利用の促進に関する特別措置法）である。この法律は、電力会社に対して、再生可能エネルギーからつくられた電気を国が決めた価格で一定期間買い取らせることを定めており、目玉はFIT制度と再エネ賦課金の二つだ。

FIT（フィードインタリフの略＝固定価格買取制度）は、再生可能エネルギーからつくられた電力を国が定めた単価で、電力会社が一定期間（一〇～二〇年）買い取ることを義務付けるものだ。国が定めた単価は、売電価格と呼ばれている。経済産業省によると、例えば太陽光発電（一〇kW以上で入札対象外、地上設置）の二四年度のFIT調達価格はkWh（キロワット時）当たり一〇円（調達期間二〇年）、陸上風力発電（新設、五〇kW未満）の二四年度の同価格はkWh当たり一四円（同二〇年）、バイオマス（未利用材、二〇〇〇kW未満）の二四年度同価格はkWh当たり四〇円（同二〇年）となっている。

再エネ賦課金（再生可能エネルギー発電促進賦課金）は、FIT制度の財源として新設されたもので、電気料金に上乗せされて、消費者が負担する。負荷額は電気の使用量に比例する。金額は全国一律になるように調整され、経済産業大臣が年度ごとに決定する。つまり再生可能エネルギーの普及の財源は一般の消費者が負担しているわけだ。

再エネ賦課金の単価は初年度の一二年度は kWh 当たり〇・二二円だったのが、二四年度は同三・四九円と、約一六倍になっている。一カ月の電力使用量が四〇〇 kWh の標準家庭の二四年度における負担額は月額一三九六円、年額一万六七五二円だから、家計上無視できない額である。

「二〇五〇年カーボンニュートラル」宣言

ＦＩＴ制度と再エネ賦課金の二つを基盤として、再生可能エネルギー発電設備の導入が加速し、風力発電に参入する事業者が増えた。電力会社をはじめとするエネルギー関連事業者や建設会社、総合商社、不動産会社、鉄道会社、金融事業者、情報関連事業者、自治体、海外の投資会社などがこぞって参入した。バブル崩壊後の低成長下、「ＦＩＴ制度により一定期間の売上が保証される手堅いビジネス」は十分に魅力的だった。しかも、「クリーンエネルギーを手がける会社」というイメージもアピールできるとあって、新規参入が後を絶たなかった。国民が負担している再エネ賦課金が、こういうかたちで再生可能エネルギー発電事業者たちに流れていったわけだ。「巨大な風車を観光の目玉に、街起こしに」と風力発電を始めた自治体もあった。

菅義偉政権が二〇年一〇月に宣言した「二〇五〇年カーボンニュートラル」のインパクトも大きかっ

た。国内の温暖化ガスの排出を二〇五〇年までに実質ゼロとする方針を表明し、その道筋として、再生可能エネルギーの最大限導入などを柱とする「グリーン成長戦略」を示したのである。

二二年四月には、FIT制度（固定価格買取制度）を補完する形でFIP制度が始まった。FIPは「フィードインプレミアム」の略称で、同制度は、FIT制度のように固定価格で買い取るのではなく、再エネ発電事業者が卸電力市場で売電する際、変動している売電価格に一定のプレミアム（補助額）が上乗せされることで、事業者たちの投資意欲を保てるというものだ。

再エネ海域利用法により二七区域を指定

日本風力発電協会によると、二三年末における国内の風力発電の累積導入量は五二一三・四MW、風車二六二六基に達する。原子力発電一基の出力は通常一〇〇〇MW（＝一〇〇万kW）といわれるから、国内すべての風力発電を合わせると原発約五基分の発電能力を持つに至っている。ちなみに、一MW（メガワット）＝一〇〇〇kW、一kW＝〇・〇〇一MWである。事業者によって、自社の風力発電施設の発電出力をkWで表示したりMWで表示したりまちまちなので、換算して比較しなければならない。

発電施設の性能向上により、風力発電は大型化しており、響灘洋上ウインドファームのようにブレードの最高位置が約二〇〇mに達し、発電出力が一万kW近いものも登場してきた。

しかし、風力発電がこれだけ普及し、国内の至る所で風車を見かけるようになったが、小規模分散電源でもあり、国内の全電源に占める風力発電の比率（電源構成比）は一％にも達していない。資源エネルギー庁によると、火力発電や原子力などを含む全電源に占める再生可能エネルギーの比率は二二年度に二一・七％でしかない。四〇％前後に達しているドイツや英国、スペイン、イタリアなど欧州各国と比べて相当に低い水準だ。日本の二二年度における再エネ電力比率二一・七％の内訳は、太陽光が九・二％、水力七・六％、バイオマス三・七％、風力〇・九％、地熱〇・三％である。風力の〇・九％は、「誤差の範囲でしかない」ということだ。

二一年一〇月に閣議決定された第六次エネルギー基本計画は、菅元首相が打ち出した「二〇五〇年カーボンニュートラル」を見据えたもので、三〇年度に再生可能エネルギーの電源構成比を三六〜三八％にするという目標を掲げている。現状が約二二％だから、その倍を目指そうというのである。現状〇・九％の風力発電は三〇年度に五％程度にまで引き上げる目標が掲げられ、その目玉として期待されているのが洋上風力発電である。

これまでに建造された風力発電は山間部など陸上のものが大半で、洋上風力発電はまだ三九基しかない。しかし、洋上は陸上と違って用地などの制限が少なく、風力発電にとって重要な平均風速や風向など風況も安定しているため、風車の大型化や大量導入、コスト低減、経済波及効果が見込まれる。

再生可能エネルギーの主力電源化に向けた切り札とすべく、再エネ海域利用法（海洋再生可能エネルギー発電設備の整備に係る海域の利用の促進に関する法律）が成立し、一九年四月から施行されている。

主な狙いは、①国が洋上風力発電の促進区域を指定して事業者を公募、選定し、海域の十分な占用期間（三〇年間）を担保し、事業の安定性を確保すること、②海運事業者や漁業者など先行利用者との協議会を設置し、地元調整を円滑化させること、である。

経済産業省資源エネルギー庁と国土交通省港湾局が二一年九月に出した「洋上風力発電の導入促進に向けた取組」という文書に、国の洋上風力発電に賭ける思いが記されている。

「洋上風力発電は大量導入、コスト低減、経済波及効果が期待され、再生可能エネルギーの主力電源化に向けた切り札」「欧州を中心に全世界の導入量は一八年の二三ＧＷ（ギガワット、一ＧＷは一〇〇〇ＭＷ）が四〇年に五六二ＧＷ（二四倍）となる見込み」などとあり、市場の急拡大を見込んでいる。また、政府による導入目標も明示され、「三〇年までに一〇〇〇万kW、四〇年までに三〇〇〇万～四五〇〇万kWの案件を形成する」とある。一〇〇〇万kWは原発一〇基分であり、三〇〇〇万～四五〇〇万kWは同三〇～四五基分。北九州市が進めている洋上風力発電の総合拠点化構想は、こうした国の動きを受けてのものである。

洋上風力発電には響灘洋上ウインドファームのような着床式と、風車を洋上に浮かべて、海底に固定したチェーン等で係留する浮体式の二種がある。着床式は水深五〇ｍくらいまでの浅い海域に限定され、それ以上深い海では浮体式になる。日本は遠浅の海が少ないため、将来は浮体式が増えそうだ。

国は洋上風力発電導入の壮大な目標に向け、すでに「促進区域」や「有望な区域」「一定の準備段階に進んでいる区域」の三種、計二七区域を指定しており、その内訳は以下の通りである（二三年一〇月時点）。この中に「浮体」とあるのが注目される。

（一）促進区域（一〇区域）　長崎県五島市沖（浮体）、秋田県能代市・三種町・男鹿市沖、秋田県由利本荘市沖、千葉県銚子市沖、秋田県八峰町・能代市沖、秋田県男鹿市・潟上市・秋田市沖、新潟県村上市・胎内市沖、長崎県西海市江島沖、青森県沖日本海（南側）、山形県遊佐町沖

（二）有望な区域（九区域）　北海道石狩市沖、北海道岩宇・南後志地区沖、北海道島牧沖、北海道檜山沖、北海道松前沖、青森県沖日本海（北側）、山形県酒田市沖、千葉県九十九里沖、千葉県いすみ市沖

（三）一定の準備段階に進んでいる区域（八区域）　北海道岩宇・南後志地区沖（浮体）、北海道島牧沖（浮体）、青森県陸奥湾、岩手県久慈市沖（浮体）、富山県東部沖（着床・浮体）、福井県あわら市沖、福岡県響灘沖、佐賀県唐津市沖

三種の区域で最もランクが高い「促進区域」の指定基準は以下の六つである。

①自然的条件が適当で発電設備出力が相当程度見込まれること
②航路等への支障を及ぼさないこと
③港湾との一体的な利用が可能であること

④系統の確保が適切に見込まれること（注：風力発電設備と電力会社が運用している電線路との電気的な接続が適切に確保されることが見込まれること）

⑤漁業に支障を及ぼさないことが見込まれること

⑥他法令で指定された海域、水域（漁港区域や港湾区域、海岸保全区域等）と重複しないこと

こういう基準で指定された計二七区域の大半が日本海側で、太平洋側は岩手県久慈市沖と千葉県銚子市沖・九十九里沖・いすみ市沖の四カ所しかない点が注目される。準備区域に指定されている福岡県響灘沖で進められているのが、北九州市若松区の響灘洋上ウインドファームである。

第三章

反対運動の広がり

低周波音による健康被害

風力発電はほぼ三〇年前から建造が進められてきたが、まだ全電源の〇・九％にとどまっている。それだけに潜在力が大きい再生可能エネルギーの旗手として期待されている。

しかし、その建造をめぐる反対運動も増えており、踊り場に差しかかっているのも事実だ。風力発電施設を運搬、建造する過程での自然破壊、巨大な風車による景観の悪化、バードストライク、騒音やシャドーフリッカー（風車の影のちらつき）の被害、低周波音による健康被害など様々な問題が報告されており、新規の建造に反対する動きが強まっているのである。

特に、最近は風車から発生する低周波音被害への懸念が強まっている。

人間が聞こえる音の範囲（可聴範囲）は二〇～二万ヘルツといわれる。ヘルツは周波数つまり音の高さを表す単位の言葉で、Hzと表記される。周波数が高いほど音は高く、低いほど音は低くなる。低周波音は人の耳に聞こえにくい一〇〇Hz以下の音で、ほぼ聞こえない二〇Hz以下の音を超低周波音という。ちなみに音の単位として、ヘルツと並んでよく聞くデシベルは音の大きさ（音の強さ）を表す単位の言葉で、dBと表記される。

風車から発生する低周波音被害は、騒音被害とは別のものだ。風車の翼（ブレード）が空気を切り裂いて生じる振動を主な原因とする睡眠障害や頭痛、動悸、息切れ、胸の圧迫感、吐き気、倦怠感、めまいなどの自律神経失調症に似た症状である。低周波音は聞こえにくいが、波長が長いため減衰しにくく、遠くまで届く。しかも反射・吸収されることが少ないため、被害が拡大するといわれる。この健康被害を解決するためには、風車周辺の住民が転居するか、風車を撤去するしかないといわれている。この風車からの低周波音による健康被害は、風力発電の最大の問題になってきた。

以下、そうした風力発電をめぐる全国の動きを見ていこう。

石狩市沖で巨大洋上風力発電計画ラッシュ

北海道では三〇〇基以上の風力発電が稼働しているが、新たに一〇〇〇基近い建造計画が進められている。特に多いのが、再エネ海域利用法に沿った国の洋上風力発電導入計画で「有望な区域」に指定されている石狩市沖である。ここでは、グリーンパワーインベストメントなどによる石狩湾新港洋上風力発電所が二四年一月から稼働している。八〇〇〇kWの大型風車一四基により総出力一一万二〇〇〇kWである。

この石狩市沖が、巨大な洋上風力発電計画ラッシュになっている。日本風力開発（最大出力三〇〇万kW）、関西電力（同一七八万五〇〇〇kW）、石狩湾洋上風力発電合同会社（同一〇三万二〇〇〇kW）、コスモエコパワー（一〇〇万kW）、シーアイ北海道合同会社（一〇〇万kW）、丸紅（一〇〇万kW）、グリーンパワーインベストメント（九六万kW）など。

こうした計画ラッシュをめぐり、「石狩湾岸の風力発電を考える石狩市民の会」が二四年六月、国や道に対して「計画中止を求める」要望書を提出している。

北海道の陸上では風力発電計画の中止が続いている。

総合商社、双日は小樽市と余市町にまたがる国有林に、一基四三〇〇kWで最高一七〇mの風車二六基（最大出力一一万六一〇〇kW）を建造する「（仮称）北海道小樽余市風力発電所」計画を進めていたが、二三年六月に計画中止を発表した。市民団体「小樽余市の巨大風力発電から自然を守る会」による反対運動に加え、小樽市が「市民の総意として本事業計画を是認することはできない。」とする意見書を出したことを考慮したものと見られている。環境アセスメントの第三段階である「準備書」を提出後の事業中止は異例である。

また、関西電力が伊達市と千歳市で計画していた風力発電計画「伊達・千歳ウインドファーム」は地元の反対もあって、二二年七月に撤退が発表されている。

秋田沖では高さ二五〇メートル、一三メガワットの風車が計画

豊田通商の子会社で、風力発電最大手のユーラスエナジーホールディングスは青森県の青森市や十和田市など六市町にまたがる約一万七三〇〇ヘクタールで最高二〇〇mの風車約一五〇基を建造する「みちのく風力発電事業」を計画していた。だが、予定地に十和田八幡平国立公園が含まれていたこともあり、青森市や十和田市など関係する六市町の首長が連名で計画の白紙撤回を求める意見書を提出したことを受け、二三年一〇月に計画中止が発表された。

秋田県では沿岸部を主に、陸上で三〇〇基以上の風車が稼働している。だが、国が指定した洋上風力発電の「促進区域」に、能代市・三種町・男鹿市沖や由利本荘市沖、八峰町・能代市沖、男鹿市・潟上市・秋田市沖の四カ所が指定されているため、北海道の石狩湾と同様に巨大な洋上風力発電建造計画が目白押しになっている。

すでに秋田洋上風力発電という会社が高さ約一五〇mで四・二MWの着床式風車を秋田港に一三基、能代港に二〇基建造し、二三年一月から稼働させている。同社は秋田県内の七社を含む一三社が出資しており、秋田港と能代港の合計発電容量約一四〇MWは一般家庭約一三万世帯の消費電力量に相当。

二〇年間にわたり東北電力ネットワークに売電していく。

秋田県の「促進区域」二カ所で、三菱商事グループが最高約二五〇mで一三MWの着床式風車（GE製）を計一〇三基建造する計画を進めている。一つは、由利本荘市沖（北側・南側）で、南北三〇㎞ほどの沖合二㎞以遠、水深一〇m以深の海域に同風車を六五基建造（最短風車間距離約八〇〇m）するもので、発電出力は八四五MW、運転開始時期は三〇年一二月とされている。もう一つは、能代市・三種町・男鹿市沖で、南北二〇㎞ほどの沖一・五～二㎞以遠、水深一〇m以深の海域に同風車を三八基建造（最短風車間距離約七五〇m）するもので、発電出力は四九四MW、運転開始時期は二八年一二月とされている。

北九州市の響灘洋上ウインドファームの風車は高さ二〇〇m、単機出力九六〇〇kWだから、それよりさらに大きな風車が秋田沖で計画されているわけだ。

しかし、「由利本荘・にかほ市の風力発電を考える会」や「能代山本洋上風力発電を考える会」、「AKITAあきた風力発電に反対する県民の会」などが連携して反対運動を進めている。

「関西の会社が東北で風力発電を計画することに違和感」

山形県では、前田建設工業が出羽三山（羽黒山、月山、湯殿山）周辺に高さ一八〇mの風車を最大四〇基（総出力一二万八〇〇〇kW）建造する計画を立てていた。しかし、地元住民らの反対運動に遭ったため、二〇年九月に白紙撤回を発表している。

その山形県と宮城県にまたがる蔵王連峰では、関西電力が風力発電計画の撤回を余儀なくされた。中止になったのは宮城県川崎町で計画されていた「川崎ウインドファーム事業」。蔵王連峰の約一六〇〇ヘクタールの区域に、最高約一八〇mの風車（四二〇〇〜六一〇〇kW級）を最大二三基建造する予定だった。しかし、計画が明らかになると、地元が反発。宮城県の村井嘉浩知事は、「景観や環境への影響を心配している。関西の会社が東北で事業を進めていることにも違和感がある」と語った。山形県の吉村美栄子知事も「なぜ関西電力なのかという印象を持った。山形県を代表する観光地である蔵王で、そういう事業を進めてほしくない」という趣旨の発言をしている。

こういう状況を受け、関電は二二年七月に計画撤回を明らかにした。

宮城県でいま紛糾しているのが、大崎市の鳴子温泉郷における「(仮称）六角牧場風力発電事業」である。札幌市の企業等が東北大学の牧場地に最高二〇〇mの風車を最大一七基建造する計画で、別の事業者による周辺の二つの計画と合わせると、最大一一〇基以上となる。

大崎市は、「同計画が市の重要施策である観光産業や国民保養温泉地としての価値への影響や自然景観への阻害要因となるだけでなく、風車建設に伴う森林伐採などにより防災対策への重大な影響が懸念される」として、反対の姿勢を明らかにしている。県としても反対してもらうように村井知事に要望書を提出したことなどを受け、運営会社は二三年一月に計画の見直しを表明している。

住民の反対に遭い、着工していた風車を撤去

グリーンパワーインベストメントが福井県南越前町と滋賀県長浜市にまたがる山林に計画している「(仮称)余呉南越前第一・第二ウインドファーム発電事業」は、約八三〇ヘクタールに高さ一八八mで出力四二〇〇kWの風車を三九基建造(最大出力一六万三八〇〇kW)するもの。

だが、クマタカやイヌワシなど希少種鳥類の飛来や営巣が確認されている土地でもあり、認可権を持つ経済産業省が一八年一一月に「計画段階環境配慮書」に対して意見を出したのに続き、二三年五月には「抜本的見直し」を求める勧告を出している。

「対象事業実施区域が位置する場所の重要性を理解した上で、十分な環境配慮がなされ、地域の理解を得た事業となるよう、抜本的な事業計画の見直しが必要である」というものだ。

住友林業は二二年末、三重県津市の青山高原で進めていた風力発電事業からの撤退を決めている。高さ一二一mの風車四基による総出力約七五〇〇kWの計画だったが、景観悪化や健康被害を懸念した地元住民らの反発に遭い、すでに着工していた二基を撤去した。建設中の風車を撤去するケースは珍しい。

環境アセスメントの問題

和歌山県では約六〇基の風車が稼働しているが、陸上と洋上を合わせて三〇〇基以上の新設計画がある。陸上の風車の計画は県北部の有田市から有田川町、広川町、由良町、日高町、日高川町に集中して

おり、洋上風車の計画は田辺市や御坊市、印南町などの沖合である。

だが、和歌山県は風力発電への反発が強い地域である。反対運動に加わっている男性は、「住民の反発が強いから、それに突き動かされた県知事が環境アセスメントの文書に対して意見を述べることが多い」と語る。実際、和歌山県は「知事意見」が際立って多い。

その状況を理解するために、まず環境アセスメントというものについて説明しておく。

環境アセスメントは、道路や空港、ダム、鉄道、発電所等の建設など環境に大きな影響を及ぼす可能性がある事業を行う場合、その事業者みずからが自然環境や人の健康などに与える影響を事前に調査、予測、評価し、その結果を住民などに公開して意見を集め、事業計画に反映させて、環境保全の観点からより良い事業計画を作り上げていこうという制度である。

環境アセスメントは環境影響評価法（環境アセスメント法）に沿って、事業者が行い、四種の文書を順に作成していく。第一段階である計画段階環境配慮書（配慮書）から始まり、第二段階の環境影響評価方法書（方法書）、第三段階の環境影響評価準備書（準備書）と来て、最後が環境影響評価書（評価書）である（次ページの図参照）。これらのプロセスを経て、事業の実施に至る。

最初の三つの文書は、それぞれ公表された後に、環境大臣及び経済産業大臣をはじめとする主務大臣、都道府県知事、関係市町村長が意見を述べることができる。また、住民らの意見を求めるため、方法書と準備書は一カ月間、地域内で縦覧に供されるとともにインターネットで公表される。方法書と準備書

環境アセスメントの手続

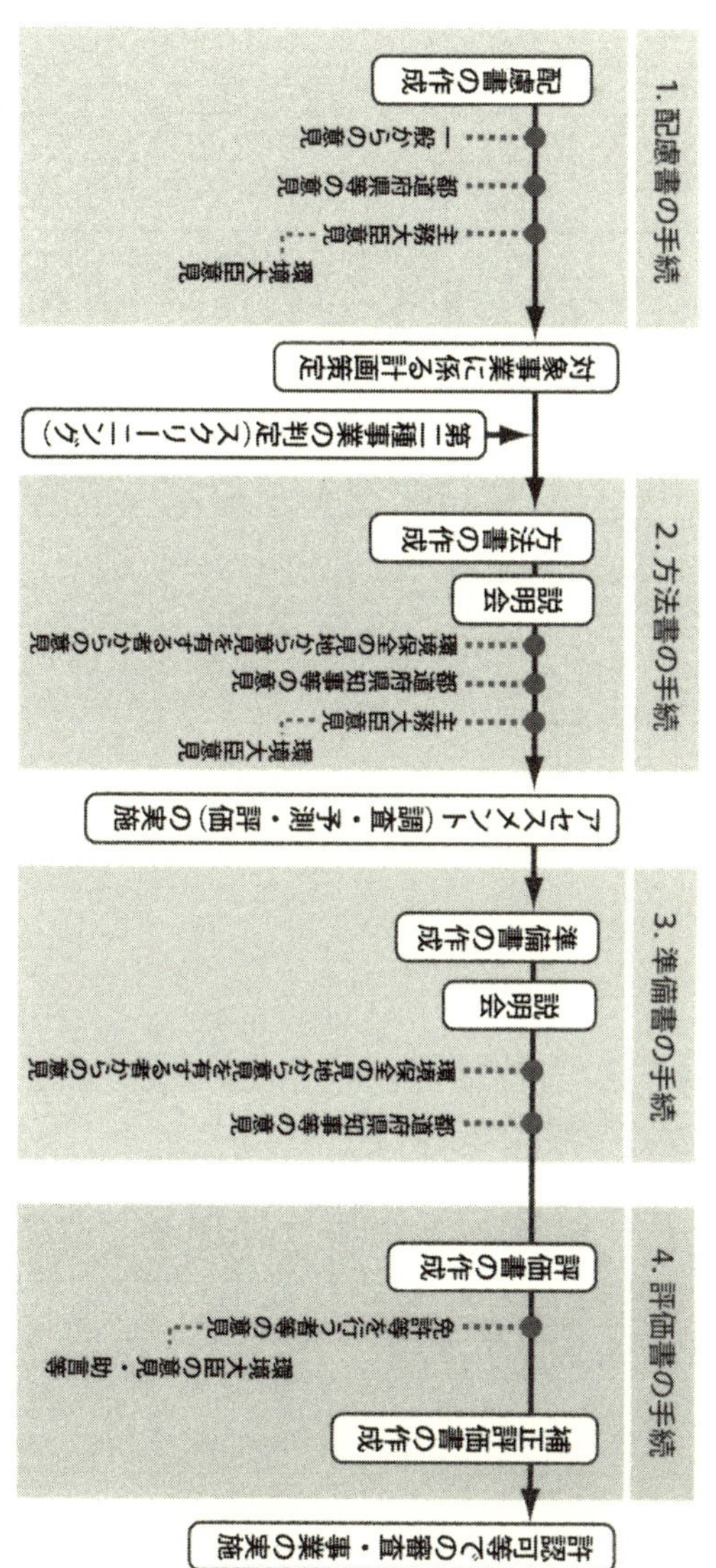

資料：環境省

は、記載事項を周知させるための説明会の開催も義務付けられている。

これが環境アセスメントだが、「早く工事を行いたい」事業者が一方的に進められる仕組みになっているため、信頼度は高いとは言えない。「環境への影響はありません」といった結論に至りやすく、その結論を補強するデータばかりを集めがちである。

また、地域住民や自治体が知らない間に事業計画や環境アセスメントが密かに進められ、突然、明らかにされても住民や自治体は理解できない。インターネットで公表される文書も、著作権保護を理由にダウンロードして閲覧、印刷できないものが多く、不便である。だから住民や自治体がその事業計画について熟慮し、「よりましな」代替案を考えることができず、事業者の一方的なペースで着工に踏み切られてしまうことが多い。

理想的なのは、事業者と自治体、地元住民などが計画段階からじっくり話し合える仕組みである。環境アセスメントのあり方や現状の不便な仕組みについて、二人の知事が意見を発しているのが注目される。

一七年一一月、兵庫県の井戸敏三知事（当時）は、県北部の新温泉町での風力発電計画に関して発した意見書の中で、こう述べている。

「事業を進めるにあたっては地域住民の理解を得るよう最大限の努力を行うこと。なお、インターネットでの図書の公表にあたっては、法に基づく縦覧期間終了後も公表を継続することや、印刷を可能にすること等により積極的な情報提供に努めること。」

広島県の湯崎英彦知事は、アジア風力発電が島根県で進めている「(仮称)益田匹見風力発電事業」に関する意見書を一九年一〇月に発し、環境アセスメントの文書について、こう述べている。

「配慮書のインターネットでの公表においては、印刷可能な状態としていたが、方法書以降においても同様に、広く環境の保全の観点からの意見を求められるよう、印刷可能な状態にすることや、法に基づく縦覧期間終了後も継続して公表しておく等、利便性の向上を図ること。(中略)利用者のコンピュータ環境の違い(利用ソフトウェアの違い等)により利便性への著しい差異が生じないよう配慮すること。」

「自然環境や生活環境との調和を前提としたものでなければ是認できない」

和歌山県で風力発電への反発が強いのは、環境アセスメントを振りかざす事業者たちに振り回されてきた苦い思いゆえかもしれない。和歌山県知事が発している「意見」の数々の背景には、こうした経緯がある。

和歌山県の陸上の風車は、奈良県境の護摩壇山から白馬山(しらまやま)を経て、日ノ御埼(ひのみさき)まで東西に伸びる白馬山脈沿いに集中している。白馬山脈はブナ林やスギ・ヒノキなどの植林があり、カモシカやヤマネ、オオダイガハラサンショウウオ、クマタカなど希少動物の生息域となっているだけに、風力発電建造に反対する動きは強かった。また、宗教上の批判もある。「熊野や高野山に近いこの付近は聖地です。こんなところに巨大な風車をたくさん建てるなど、けしからんことです」（地元の住民）。

この白馬山脈界隈で、さらに風力発電計画が目白押しになっているため、和歌山県知事は厳しい内容の意見書を出し続けている。

コスモエコパワーは白馬山脈ですでに広川・日高川ウインドファーム事業と中紀ウインドファーム事業を行っているのに加え、新たに四三〇〇kWの風車を最大一二基建造する「（仮称）中紀第二ウインドファーム事業」を進めている。これに対する「計画段階環境配慮書に係る環境の保全の見地からの和歌山県知事意見」（一八年十一月）で、仁坂吉伸知事（当時）はこう指摘している。

「結果として、重大な環境影響が避けられないと判断した場合には、対象事業実施区域の見直し及び基数や出力の削減を含む事業計画の全体的見直しを行うこと。」

住友林業と電源開発は白馬山脈で、最大四三〇〇kWの風車を最大二〇基建造する「（仮称）紀中ウインドファーム事業」を進めているが、これに対して仁坂知事は二〇年八月に出した「計画段階環境配慮書に対する環境の保全の見地からの意見」で以下のように述べている。

「地球温暖化対策や資源循環の観点から再生可能エネルギーの導入が進められているが、それはあくまで自然環境や生活環境との調和を前提としたものでなければならず、そうでないものは是認できない。今回の事業実施想定区域及びその周辺には、県民の財産として将来にわたり守っていくべき自然環境が形成、維持されていること及び本事業の実施により重大な環境影響が生じるおそれが高いことを十分認識した上で、慎重かつ丁寧に環境影響に係る調査、予測及び評価を行い、環境影響を回避し、又は十分に低減できる具体的な方策がない場合には、当該地域での事業の廃止を含めて事業計画の抜本的な見直しを行うことが必要である。」

東急不動産が印南町と日高川町の境界付近の尾根で計画している「(仮称)和歌山印南日高川風力発電事業」も厳しい指摘を受けている。この事業は四三〇〇〜六一〇〇kW級の風車を最大二二基建造(最大出力九万四六〇〇kW)するものだ。

岸本周平・和歌山県知事は二三年八月に経済産業大臣に対して、「重要な環境の中身等を思案すると、規模の大きな風力発電事業には著しく適さない場所と考えられる。」という意見書を提出している。

「鳥類、底生生物等の調査事例が少なく、重大な環境影響が特に懸念される」

陸上の風力発電だけでなく、洋上風力発電に対しても、和歌山県知事は厳しい意見書を出し続けている。

パシフィコ・エナジーは、御坊市や日高町、美浜町の沖合に五〇〇〇〜一万二〇〇〇kWの風車を最大一五〇基建造(最大出力七五万kW)する「(仮称)パシフィコ・エナジー和歌山西部洋上風力発電事業」を進めている。これについて仁坂吉伸知事は一九年四月に発した「計画段階環境配慮書に対する和歌山県知事意見」で、こう述べている。

「計画段階環境配慮書では、風力発電設備の配置や基礎の構造、海底ケーブル敷設方法等が記載されておらず事業計画の熟度は低い上に、以下の点についての検討が不十分と考えられ、本事業によって重大な環境影響を生じないと判断するに足る根拠に乏しく、現状では適切な計画段階環境配慮がなされているとは言いがたい。」

関西電力とＲＷＥリニューアブルズジャパンは美浜町から御坊市、印南町、みなべ町、田辺市、白浜町にかけての沖合一一km以遠、水深約三〇〇ｍまでの約五万八三三六ヘクタールの海域に九五〇〇kWから二万kWの風車を最大一一〇基設置し、発電（最大出力一〇〇万kW）する浮体式の（仮称）和歌山県沖洋上風力発電事業を進めている。

出力一〇〇万kWといえば原発一基分に相当する。後述する鹿児島県の吹上浜沖洋上風力発電事業（同約九七万kW）と同等の規模であり、完成すれば、北九州市の響灘洋上ウインドファーム（二二万kW）をはるかにしのぐ国内最大規模の洋上風力発電となる。二万kWの風車はブレードの直径が二八四ｍ、最高三一〇ｍであり、秋田県沖で三菱商事グループが計画している最高二五〇ｍの風車より大きい。

岸本周平知事は両社に対して二三年八月に「計画段階環境配慮書に対する環境の保全の見地からの知事意見」を出し、こう述べている。

「海は、沿岸地域のみならず広い地域において、漁業、往来、余暇、スポーツ等の場として広範に利用されており、特に想定区域及びその周辺は、小型機船底びき網漁業をはじめとした各種漁業が盛んであり、太平洋と瀬戸内海を結ぶ重要な航路になっている。また、想定区域を眺める沿岸の景勝地には、数多くの観光客が訪れている。大規模洋上風力発電事業を実施するには、排他的利用にならず、先行利用事業である漁業などとの共生と、その将来性を開発する必要がある。…また、本事業による動植物への重大な環境影響が特に懸念される。想定区域のうち風力発電設備設置範囲内については、鳥類、底生生物などについて調査事例が少なく、不明な点が多いことから、早期の実態調査を行う必要がある。その上で、慎重かつ丁寧に環境影響に係る調査、予測及び評価を行い、環境保全措置を検討することが重要である。」

事業者の対応への不信感

兵庫県の北部、日本海に面した新温泉町では、日本風力エネルギーの子会社であるＮＷＥ－09インベストメントが計画している風力発電事業が地元の反対に遭っている。一七年頃に明らかになったこの計画は、山間部の約一九六七ヘクタールの区域に出力四五〇〇kW級で高さ約一五〇ｍの風車を二一基建造して最大九万二〇〇〇kWを発電、売電するというものだ。しかし、土砂崩落などの災害、自然環境への過重な負担と影響、低周波音やシャドーフリッカー（風車の影）による健康被害への懸念などにより地元の反対に遭い、二〇年からのコロナ禍もあって、暗礁に乗り上げたかたちである。

電源開発が山口県岩国市や周南市、島根県吉賀町にまたがる山間部で進めている「(仮称) 西中国ウインドファーム事業」は、吉賀町が「反対」の意向を表明している。この事業は約一万〇一七五ヘクタールの区域に、最大出力四三〇〇kWの風車を最大三三基建造（合計最大出力一四万一九〇〇kW）するものだが、事業の進め方をめぐり、町民の間で電源開発への不信感が募っていった。岩本一巳町長は「反対」に至った背景二点について、二四年三月に町の広報紙で以下のように説明している。

「一つ目は、風力発電事業に進展が見られないことです。令和三年一一月に環境アセスメント制度による『配慮書手続き』が実施され、環境配慮書の縦覧が開始されました。令和四年一一月には、当該事業者から工事量の増加や資機材費の高騰により、事業環境が厳しくなったことから、事業計画の開発工程を見直すとの説明を受けました。当初は令和五年三月を予定していた環境アセスメント制度による『方法書手続き』は、今現在も実施されていません。つまりは、開発工程見直しの説明からおよそ一年五か月、当初の『方法書手続き』開始予定時期からおよそ一年が経過しておりますが、新たな動きは見られない状況です。

二つ目は、地元住民団体による要望書の提出があったことです。風力発電事業に係る一連の動きを受けて、令和五年五月に地元住民団体である『吉賀の環境と子どもたちの未来を考える会（代表：宗内正照氏）』が風力発電事業の撤回を求める要望書と一八〇四人分の署名を本町へ提出されました。要望書は、風力発電事業計画に伴い懸念される事項として、町の総合計画である『まちづくり計画』との整合性や移住定住人口への影響、人体・健康への影響、環境への影響等を指摘するものであり、本町としても重く受けとめたところです。

地球温暖化の原因である温室効果ガス排出量を削減するための手法として、風力発電などの再生可能エネルギーの導入は非常に重要な施策であると理解しております。しかし、現在の状況が続きますと、風力発電事業に伴う懸念事項が払拭されず、町民をはじめとする高津川流域に住む人たちが不安を抱えたまま時間だけが経過することになります。このような状況は、本町にとって決して好ましくなく、看過するわけにはいかないと判断しました。以上の点を踏まえまして、本町として、この度、本風力発電事業計画に反対の意向であることを表明いたしました。」

「風力発電による周辺住民の健康被害は世界中で立証」と医師会が反対表明

山口県下関市では、前田建設工業が一二年に安岡沖での洋上風力発電計画を明らかにしたが、地元の強い抵抗に遭い、九年後の二一年に事業の凍結を表明した。出力四〇〇〇kWの風車を最大一五基建造(最大出力六万kW)する計画だが、低周波音による健康被害を懸念する市民団体や医師会、漁業関係者、商工団体の反対表明に加え、前田晋太郎市長も「絶対に止める」と表明する事態に至り、着工できない状態が続いている。

特に影響力が大きかったのが、洋上風力発電の建設予定地から半径五km内外で診療活動を行っている四四の医療機関で構成されている下関市医師会北浦班が一四年一〇月に市長に提出した要望書である。「市民の健康を守る立場から」の要望書の内容は以下の通りである。

「前田建設工業株式会社は、平成二七年度に下関安岡沖の海上に、国内最大級の出力六万キロワットの洋上風力発電所の着工を計画している。しかし、風力発電は周辺の住民の健康、および周辺環境に多大なる弊害を与えることが世界中から報告されており、以下に述べる理由から下関市医師会北浦班は安岡沖洋上風力発電の建設に反対する。

1．健康被害。風車から発生する音には、可聴域の騒音と、不可聴域の低周波音がある。騒音は直接不眠の原因となり、低周波音は外因性自律神経失調症、あるいは風力発電機症候群として、人体に有害であることが世界中で立証されており、人家からわずか一・五キロメートルの至近距離に建設された場合、住民への健康被害は多大なものとなり、地域住民の健康を預かる医師会北浦班としては看過できない。

2．下関市の衰退。風車の建設による漁場の喪失は、水産都市下関市の没落を意味する。住居としての資産価値も減少し、健康被害もあいまって人口の流出が予測され、下関市がゴーストタウン化することは、諸外国の例を見るまでもなく十分予測できる。諸外国の洋上風力発電は、沖合一〇キロメートル以上遠方に建設することが趨勢となっている。

3．反対署名数。建設反対署名数は七万筆にのぼっており、地元住民の同意はまったく得られていないと考えられる。

以上、地元住民の健康を守る使命を有する医師会北浦班としては、明らかに人体に有害な風力発電の建設を認めるわけにはいかず、下関市長におかれては、市民を代表して風力発電建設に反対していただけるよう以下の要望事項を申し上げる。

要望事項　一、安岡沖洋上風力発電事業に反対する表明を下関市長に要望いたします。」

県知事の厳しい意見

徳島県では、環境破壊や土砂災害への懸念により、二つの陸上風力発電計画が頓挫している。

一つは、オリックスが美馬市、神山町、那賀町にまたがる地域で計画していた（仮称）天神丸風力発電事業だ。最高一七八mで二三〇〇～三四五〇kWの風車四二基を建造（最大出力一四万四九〇〇kW）するものだった。一八年五月、飯泉嘉門知事（当時）が「計画段階環境配慮書に対する知事意見」として、「あらゆる措置を講じてもなお、重大な影響を回避又は低減できない場合は、本事業の取り止めも含めた計画の抜本的な見直しを行うこと。」と述べたこともあり、オリックスは二一年五月に事業化見送りを表明した。

頓挫したもう一つは、再生可能エネルギー発電施設の開発などを行っているJAG国際エナジーグループが徳島県南部を中心に計画していた「(仮称）那賀・海部・安芸風力発電事業」である。出力三二〇〇kWで最高約一六〇mの風車を最大三四基建造（最大出力九万六〇〇〇kW）する計画だった。

しかし、二一年一〇月、飯泉知事は前記の天神丸風力発電事業に関する意見と同様に「あらゆる措置を講じてもなお、重大な影響を回避又は低減できない場合、又は地域との合意形成が図られない場合は、本事業の取りやめも含めた計画の抜本的な見直しを行うこと。」という意見を表明した。これを受けて、同グループは二二年八月に事業の中止を明らかにした。

薩摩半島西岸では計三二七基、三〇七万キロワットの三計画

九州では北九州市の響灘洋上ウインドファームをはじめ、佐賀県唐津市沖と鹿児島県の薩摩半島西岸で洋上風力発電の計画が進んでいる。

唐津市沖は、再エネ海域利用法に沿って国が指定した「一定の準備段階に進んでいる区域」の一つとあって、計画ラッシュになっている。

再生可能エネルギー事業を展開しているインフラックスの子会社である唐津玄海洋上風力発電合同会社は九五〇〇～二万kWの風車を最大六四基建造（最大出力六〇万kW）する。関西電力は九五〇〇～一万四七〇〇kWの風車を最大六三基建造（同六七万六二〇〇kW）する。大阪ガスとアカシア・リニューアブルズは八〇〇〇～一万二〇〇〇kWの風車を最大七五基建造（同六〇万kW）する。再生可能エネルギー事業を展開しているレノバは九五〇〇～一万五〇〇〇kWの風車を最大四二基建造（同四〇万kW）する。

関西電力と大阪ガスという関西におけるエネルギー産業の双璧が来ているのが注目される。

唐津市沖は、かつて捕鯨が盛んで、今はイワシやケンサキイカ、アオリイカ、サワラ、ブリなどの好漁場であるだけに、漁業者たちの危機感は強い。二二年二月には、地元の一四の漁協が洋上風力発電計画の中止を求める署名約一万九〇〇〇筆を山口祥義・佐賀県知事に提出した。佐賀県の小川島漁協や大浦浜漁協、仮屋漁協など五つの漁協だけでなく、この海域の恩恵を受けている西隣の長崎県・平戸市漁協と新松浦漁協、東隣の福岡県から糸島漁協が加わっているのが目を引く。

鹿児島県の薩摩半島の西岸では三つの巨大な洋上風力発電計画が進行している。合計すると、最大出力は約三〇七万kWにもなる。巨大風車が三二七基も立ち並ぶことになり、石狩市沖や秋田県沖、和歌山県沖、響灘沖、唐津市沖と同様に、沿岸の景観そのものが大きく変わりそうである。

最大出力が最も大きいのは日本風力エネルギーと南国殖産による「(仮称)鹿児島県における洋上風力発電事業計画」で、出力八〇〇〇～一万四〇〇〇kWの風車を一五〇基程度建造(最大出力一五〇万kW)する。次はインフラックスによる(仮称)吹上浜沖洋上風力発電事業で、九五〇〇～一万二〇〇〇kWの風車を最大一〇二基建造(最大出力九六万九〇〇〇kW)する。三つ目は三井不動産とアカシア・リニューアブルズによる「(仮称)薩摩洋上風力発電事業」で、八〇〇〇～一万二〇〇〇kWの風車を最大七五基建造(最大出力六〇万kW)する。

景観の破壊や生態系への悪影響などの懸念から、これらに対する反対運動が起きており、目が離せない。

二四年の八月末に大きな被害をもたらした台風一〇号は薩摩半島の付け根の薩摩川内市付近に上陸した。こんな台風銀座に巨大な洋上風力発電施設を数多く建造して大丈夫なのか。

第四章
風力発電の真実

三重県伊賀市の歯科医、武田恵世さん（歯学博士）は二〇年以上前から風力発電の問題を研究してきた。風力発電に興味を持ち始めたきっかけは、自宅からほど近い青山高原の風車だったと語る。

「最盛期には中型大型が九一基あり、すべて中部電力の子会社であるシーテックが建造したものでした。以後二二基減って、いまは六九基です。風車は大型化して基数を減らしていくというのが建前でしたが、円安による輸入部材の高騰などもあり、採算が合わなくなってきているのだと思います。」

武田さんは各地で風力発電の実情についての講演会を行っており、わかりやすいと好評である。ここでは、二二年五月に山口県・島根県の「錦と吉賀の風力発電を考える会」に招かれて武田さんが行った「風力発電ができた町の話」という講演の内容を紹介する。同会は山口県と島根県にまたがる「（仮称）

西中国ウインドファーム」（第三章参照）に反対している団体だ。以下、武田さんの話である。

風力発電ができた町の話――武田恵世

私が歯医者であるにもかかわらずなぜ風力発電に詳しくなったかというと、九九年に三重県の青山高原で日本初の風力発電所ができた。私はその頃環境問題にとりくんでいたため、「これはいいことだ。ぜひ増やさなければ」と思い、風力発電のための会社設立まで真剣に考えていた。だが、いろいろ考え調べた結果、「全然だめだ」ということがわかった。今日はそのことについて話したい。

〇七年、当時風力事業への出資や会社設立まで考えていた私のところに、中部電力の子会社で青山高原一帯の風力発電建設をおこなう「シーテック」の電力事業部長たちが訪ねてきた。そのときに彼らは風力発電について「発電しなくてもいい。建設さえできればいい。補助金をもらえるから」といった。そして一一年の東日本大震災で福島原発事故が発生し、それをきっかけに各地で風力発電が増加。その頃から全国・世界で風力発電による被害が問題になってきた。

青山高原では最盛期に九一基の風力発電が建てられ、現在も六九基ある。これは国定公園内では全国一の規模で、当時の三重大学の清水幸丸教授は「世界的にも模範的な成功例だ」と評していた。だが、「模範的な成功例」とはいうものの、データは「企業秘密」ということで示されない。

私は風力発電事業への出資条件を考えるうえでさまざまなことを検討した。しかし風力事業によって得られる利益は、トータルで見るとほとんど見込めないということがわかった。当時から私は主な会社や大学に風力発電の成功例と、それに関わる検証可能なデータを公開するよう問い合わせていたが、いまだに回答は得られていない。

風力発電について検討するさいに注意しなければならないのは、立場による発言の違いだ。私たち一般市民は、風力発電は地球温暖化防止の手段の一つと考える。しかし、業界側の人たちにとっては、風力発電を推進すること自体が目的だ。一言で「業界」というが、建設会社や金融機関、企業丸抱えの大学の寄附講座、研究機関、経産省、関連県部局などさまざまある。彼らにとっては推進以外に選択肢がない。

寄附講座とは何かというと、例えば名古屋大学に「洋上風力事業と地域の共発展寄附講座」があった。この講座は日立造船が人件費や光熱費、出張費まですべて負担していた。それでいて「公平公正な研究をしている」といっていたが、そんなことできるわけがない。他にも「エネルギー戦略研究所」というものもある。これも「公平公正な研究」を掲げるが、実際には日本風力開発という風力発電専門会社の子会社だ。そういう人たちは基本的に風力発電の良いことしかいわない。どんな問題があろうと「将来性がある」「発展を続けている」という。問題点について聞くと「それは些細なこと」「必ずしも〇〇とはいえない」「将来の課題」だという。

ＦＩＴ制度の仕組み、消費者には賦課金

風力発電は、電気の力でブレード（羽）を風上に向け、回転させることで発電する。停電するとブレードの向きが変えられなくなり発電することができなくなる。また、風が強すぎると電力で自動停止する。しかし停電すると安全に止まれなくなるので、ブレードが回りすぎて壊れてしまうこともある。

風力発電などの再エネは、地球温暖化防止のためだといって推進されている。二酸化炭素の排出量を削減するために火力発電を減らし、その代わりになる再エネを優遇し、火力発電よりも安く主力にするという。

では、風力発電はもうかるのだろうか？

ＦＩＴ制度（固定価格買取制度）というものがある。これは再エネを高く買い、消費者が「再エネ賦課金」を払って支えるというものだ。再エネ賦課金とは、再エネの高い買取価格を消費者全員で割るしくみだ。ただし、電気を大量に使う工場は減免されている。一般消費者がほとんど負担しており、電力会社の負担はない。電気代月一万円の平均的な家庭における再エネ賦課金の負担額は年間一万七一六〇円。この一〇年間で一五倍に増えており、三〇年にはこれのさらに約二倍にまで増えると予測されている。

一二年に始まったＦＩＴ制度の目的は、技術革新を促し、電気代を安くして、大量に供給することだった。しかし一〇年が経過してどうなったか？　技術革新は進まず、電気代は高止まりしている。再

エネはより大型化して増加しただけだ。

普通の火力発電所は、物価の上昇にともない電気の価格を値上げすることができるが、FIT制度では値上げができない。電気の価格は一日のうち時間によって変動する。しかし風力発電や太陽光発電の売電単価は高く設定しておいてどの時間も料金は変わらず、その差額を補助で補い、「どんどん再エネをつくってください」という制度だった。

ところが今、一般の電気の卸売電力の価格は二〇~四〇円と高騰している。一方FIT制度の買取価格は一七円前後と一般の電気の価格を大きく下回っている。そこで、二二年四月にはこれまでのFIT制度からFIP（固定補助制度）へと移行した。これは、電気の標準的な価格そのものに対して少しだけ補助を上乗せして売電することによって再エネをもうけさせるというものだ。この補助部分を私たちの再エネ賦課金で補っている。

二酸化炭素は削減されるか？　必要となる火力のバックアップ

次に、風力発電は二酸化炭素排出削減の役に立つのかについて話す。

電力系統は「同時同量」（発電量＝使用量）を保たなければ大停電を起こす（厳密には三％の誤差まで）。そのため、電気需要に合わせて朝起きる時間帯から徐々に発電量を増やしていき、昼休み時になるとまた少し減らす。再び工場などが動き出す頃に増やし、そこから夜明け前にかけてまた少しずつ減らしていくというように、年間計画、時間計画に基づいて数分単位で発電量を調整している。

では、風力発電でも同じようなことが可能か？ みんなが起きる頃に都合良く風が強く吹くか？ 昼休みだけ弱く吹いて昼休みが終われればまた強く吹くか？ それは無理だ。だから風力発電を動かしながら「同時同量」を維持するためには常に火力発電で発電量を調整しながらバックアップしなければならない。

電気は安定供給が必須だ。三重県四日市市では、わずか〇・〇四秒の電圧低下が起きた。このとき、停電までには至っていないものの、約三〇の工場に影響が及び、約一〇〇億円の損害が出た。風力発電では〇・〇四秒以上の電圧低下・変動は頻繁に起きるため、風力発電だけに頼ると大変なことになる。そのことを裏付ける私とシーテック部長らとの会談の内容がある。〇七年時点の話だが、私が彼らに「風力発電は不安定ですね」と聞くと、シーテック側は「その通りです。実は本社（中部電力）からは、〝これ以上送電するな〟といわれているんです」といった。つまり中部電力からすると、「風力発電は作ってもいいが電気はいらない。送電されたら困る」ということだ。

こういう不安定な風力発電を補うために、火力発電のバックアップ態勢が必要となる。

しかし急に蒸気を沸かすことは難しいため、常に燃料を使って蒸気を捨てながら発電が必要な時に備えて待機しておく必要がある。燃料節約が困難なことについては経産省も認めており、「再エネは季節や天候によって発電量が変動し、安定供給のためには火力発電などの出力調整が可能な電源や、蓄電池と組み合わせてエネルギーを蓄積する手段の確保が必要」と説明している。

また、風力発電はかえって排気ガスを増やすという例がある。

アメリカのコロラド州では、風力発電と火力発電で電気をまかなっていた。風が強い日は風力発電を主にして火力発電を少しだけ動かし、風の弱い日は火力発電だけで発電していた。その結果、風の強い日（風力発電が主）の方が、排気ガスが激増した（〇九年）。理由は、車が急停止急加速をくり返すと燃費が悪くなるのと同じで、火力発電の出力を風力発電のバックアップのために上げたり下げたりしなければならないからだ。結果として火力発電の出力は減っても、燃料の削減にはならない。

結論として、風力発電は地球温暖化防止の役に立たない。

たまに、効果的な時間帯もなくはないが、全体としてはむしろ二酸化炭素排出を増やす。太陽光発電も風力発電と同じ理屈で地球温暖化防止にはならない。地熱発電や中小水力発電なら可能だ。さらに廃材や食品カスを使ったバイオマス発電なら可能だと考えるが、森林を伐採して木質チップを燃料に使うのでは二酸化炭素削減にはならない。


電気は不足していない、電力需要は年々減少

電気はそもそも不足していない。

一八年時点で、中部電力の火力発電所のうち三一％が停止中となっている。かつて「総括原価方式」

によって発電所の建設費は電気料金に上乗せすることができたため、火力発電所を作りすぎたという問題が背景にある。全国的に原子力発電所のほとんどを停止した段階でも、火力発電所の三分の一は休んでいたということだ。また、三重県では尾鷲三田火力発電所（原発一基分相当を発電）が一八年に電気需要激減のため廃止された。

このように、電気は現段階でもまったく不足していない。それどころか火力発電所自体、大幅に余っている。それでもなお二〇年三月の「発送電分離」によって、駆け込みで火力発電所が多数新設された。しかし現在、余りまくっている火力発電所をどうするのか？　という段階にある。

また、電力需要は年々減っている。省エネ技術の進歩や人口減少、電気を大量に消費する工場の減少などが大きな要因だ。この先電力需要が増える見込みはほぼない。日本総研が五〇年までの三〇年間で電力需要は二三・五％減少するという予測をしているが、これでもまだ甘いくらいで、もっと大幅に需要は減るだろう。

中国電力でも当然電力需要が減っているので、風力発電の受入限度をもうけている。二一年一一月末時点で、中国電力への風力発電の接続契約申し込み済みが一二〇万キロワットあり、さらに六五六万キロワットが接続検討申し込み中となっており、中国電力が示す受入限度の残り枠に対して実に九倍もの申請が上がっていることになる。

だが、中国電力は九倍もの申し込みがあるからといって受入を断っていない。今後は無制限無保証。

つまり「風力発電をつくってもらってもかまわないが、電気を買わないということもあり得る。それを承知でどうぞおつくりください」ということだ。

事業者は、風力発電事業による地域振興や貢献、協力についてよく宣伝するが、実際に事業者にそんなことをする義務はない。全国で成功例を探したが見当たらない。また、公共事業ではないため国や県、市にも風力発電による地域振興、貢献、協力の義務はない。

では、今後電力需要が激減し、採算がとれなくなった場合はどうするのだろうか?

例えば、「借地料は風力事業の利益から支払う」とか、「撤去時のために利益から撤去費用を積み立てている」などと業者は説明するかもしれないが、利益がないとなるとどうするのだろうか?という問題がある。そもそも国、県、市は事業者に対して優遇はするが、決して責任は持たない。

風力発電の「メリット」といわれているが、実はそうでないこともたくさんある。

・固定資産税が入る↓その分地方交付税交付金減額(プラスマイナスゼロか少しだけ)。
・電力をまかなえる↓市民には無関係。不安定で、風力発電だけでは無理。
・林道ができる↓確かに林道はできるが、従来の林道が等高線に沿って敷設されるのに対し、風力発電の場合は巨大な資材を運ぶので等高線を無視して広く直線的な道路になるため補修も大変になる。
・雇用、仕事が増える↓青山高原でも地元の仕事が増えることを期待したが、ほとんどなかった。仕事に来ているのは岐阜ナンバーや愛知ナンバー、静岡ナンバーの車両で、コンクリートミキサー車は大阪ナンバーだった。

低周波による健康被害、世界中で同様の症状

風力発電の健康被害の実態を知るには、被害にあった方の話を聞くことが一番だ。すでに亡くなった方で、和歌山県の由良町に住んでいたA・Tさんという方がいた。当時七〇歳で風力発電から一・三キロの場所に暮らしていて、風力発電による健康被害について各地で講演をおこなっていた。彼女は夜間つらい時は数キロ離れたコンビニの駐車場まで避難して寝ていたそうだ。

風車による重低音や低周波音被害の特徴として、耳が遠くなった老人がより敏感に反応したり、国道や線路の音は気にならないが、風車の音はずっと鳴り続けるため辛いということがある。家の中でも柱を伝って恐ろしい音が入ってくるという。

風力発電事業者は環境アセスメントのなかで騒音想定をおこなうが、これはあくまでシミュレーションでしかない。無風時に風車が平地で回った場合を机上計算するだけであって、風向や風速、地形は一切考慮していない。そして風の緩い日に予定地の住民を風力発電所見学に呼んで、簡易測定器による計測結果を示して低周波は出ていないと説明する。

青山高原では、低周波音測定のために専門の教授（匿名希望）が来て調査したことがある。測定器は事業者が使う簡易的なものではなく、大きな風防を用いたものだった。調査の結果、ブレードが回転し

て支柱の前を通過するときに非常に強い低周波音を観測していた。その同じ日に、日本気象協会の担当者が簡易測定器で低周波音の測定をおこなっていたが、風の音が大きく測定不能だった。こうして業者は測定不能だったものを「低周波はない」とすり替えていく。

山間部での被害の特徴としては、風車から谷底の集落に向けて直接伝わる音、向かいの山にやまびこのように反射して届く音、雲に反射して届く音がある。また、風車のブレードが支柱を通過するときに「シュッシュッ」という音がするが、その音の周期が人間にとってかなり大きな不快感を与え、睡眠障害にまで発展することもある。

音の大きさの問題よりも、周期の問題が大きいと考えられている。そして音は風下に伝搬しやすく、予想しえなかった遠方にまで及ぶことがある。

風力発電による健康被害は世界中で認められており、ヨーロッパを中心に二七カ国、つまり風力発電がある国ほぼすべてで、風車から同じような距離の人たちがほぼ同じ症状を訴えている。共通する主な症状は、睡眠障害、睡眠遮断、頭痛、耳鳴り、耳閉感、動揺性めまい、回転性めまい、吐き気、かすみ目、頻拍、イライラ、集中力や記憶力の異常、覚醒時もしくは睡眠時に生じる身体内部の振動感覚、不眠や船酔いに似た症状などである。実際に海外では風力発電機被害に病名がついており、「振動音響病」「慢性騒音外傷」「風力発電機症候群」があげられる。原因は騒音だけでなく、低周波音や超低周波音がある。内耳をはじめいろいろな内臓器官が共鳴振動して平衡感覚や受容器のバランスを乱してさまざまな症状を引き起こす。

重低音や低周波音の特徴として、遠くまで届くことや、遮音壁やガラスでは防げないことがあげられる。共鳴振動しやすく、部屋全体や雨窓、ふすまがガタガタと揺れることもある。広い部屋だと少しましだが、狭い部屋だと症状がひどくなるとの証言もある。私自身は普段青山高原に行っても何とも感じないが、疲れたときに少し休んだり昼寝したりすると、風車の音やブレードの影が気になってしまうことがある。

オーストラリアのウォータールーでは、三〇〇〇キロワットの風車が三七基建設されたが、周辺約三キロの住民たちが自宅を離れ、ゴーストタウンになった。住民たちは風車の騒音を「いつまでたっても着陸しないセスナ機」「止まらない夜行列車」と例えている。セスナ機も夜行列車もいつ動いていつ止まるかわかるが、風車の音はいつ始まっていつ終わるのかがわからない。それを我慢することはあまりにも酷だ。ベルギーでは、洋上風力発電を海岸から二三キロ離すということが法律で決められた。ドイツやオランダでも四〇キロ離すことになった。それくらい距離をとって建設しなければ住民が納得しないようになっている。

環境省は騒音について、指針値以下の騒音でも問題が起こる可能性を指摘しており、アノイアンス（ひどいわずらわしさ）や、睡眠障害を起こす可能性にも言及している。しかし、「健康に〝直接的影響〟を及ぼす可能性は低い」としており、この文言を利用して事業者側は「健康被害はない」と保証されたかのように説明する。そのため、あとから健康被害や苦情を訴えたとしても、事業者や学者は「気のせいだから我慢するべきだ」という。しかし、住民が我慢を強いられる理由はない。

環境省も、騒音基準と低周波音の参照値について「あくまで基準や参照するものであって、我慢しなくてはならない基準ではない。被害が出ないという値でもない」との見解を示している。

世界中で起きている風力発電被害当事者の意見を調べてみると、事業者も行政も因果関係を認めようとしないこと、風力発電から十分に離れると症状が治まることがあるという内容が一致している。

実際に青山高原でも睡眠障害が多発したため、事業者のシーテックは風車の夜間停止や住宅への二重サッシの設置をおこなった。しかしその三年後、新しい風力発電を建設するためにおこなった説明会の場では、「二重サッシ設置はただのサービスだった」といい、風力発電による睡眠障害などの被害を認めようとしなかった。健康被害が出た場合、我慢して暮らし続けるか、引っ越すしかない。

風力発電の自然への悪影響、土砂崩れも頻発

風力発電建設によって、シカが激増している。また、山の麓でもシカ、イノシシ、サルが増えたともいわれるようになった。風力発電機を建てるには、支柱の周辺を平地にして切り開くため周囲に法面（のり）もできる。こうして整備した場所には、外来牧草を植える。今まで笹などしかなかった山に、栄養満点の牧草が大量に植えられることによってシカが増える。また、夏場は風が少なく風車が回転しないので動

物は山の中にいるが、冬場に草が枯れてエサが減るのと同時に風が強くなって風車が激しく回転するようになると、音を嫌って動物たちが山から麓へ下りてくる。

また、イノシシの凶暴化も問題になっている。風力発電がある南伊豆町では、風力発電がよく回転しているときはイノシシが活発になり、いつものように追っても逃げず、逆に向かってくるようになっていることも報告されている。これは、風力発電機症候群や振動音響病の症状の一つで、複雑な思考ができなくなったり、簡単な計算ができない、怒りっぽくなるなどの特徴がある。これが人間同様、イノシシにも影響が及んでいると考えられる。

自然景観への影響もある。景観法や景観条例では、建造物は樹冠（森林の上端）、尾根筋をこえないという規定がある。しかし風車は再エネで、いいものだから例外とされている。

また、風力発電建設は尾根筋を切り開いて開発するので、激しい土砂崩れなどの被害も起きる。青山高原でも崩れた土砂が道路を寸断し、濁水によって上水の取水が停止する事例が頻発した。ところが、このときシーテックの所長は「私たちは規格通りの工事をしたので問題はない。悪いのは規格だ」と開き直り、上水道に濁水を流し込んでも平気な顔をしていた。

さらに青山高原で風車のために切り開いた場所の法面で土砂崩れが起きたとき、事業者が「復旧完了した」というので現場を見に行ってみると、崩れた土砂の上を土で覆っただけだった。だが土砂崩れの起点となった場所は塞がずにそのままだったので理由を聞いてみると、「水が湧き出しているので塞げない」という。こうなることは開発する前からわかっていたはずだ。

別の場所で起きた土砂崩れでは、風車の根元の法面が崩壊した。だがシーテックの部長は「今後何年もこのまま置いておく」と話しており、すでに一〇年このままの状態で放置されている。やはりここも土砂崩壊場所から水が湧き出していて止まらないため補修できないという。また、周辺を覆っているコンクリートは非常に薄く、伐採した木々の根を抜かずに塗っているため、崩れやすい。

青山高原ではあらゆる場所で土砂崩れが起きており、風力発電の観察舎の基礎が崩落したりもしている。また、尾根に沿って風力発電のために舗装された道路が土砂崩れの起点となるケースも多い。だが、シーテックは「知らない」「放置している事実はない」「行政と地主とよく協議している」という。

土砂崩れを放置したまま風力事業を終えた事業者が山を地主に返還した場合、返された山は地主が管理しなければならなくなる。自然災害には多くの補助が出るため地主の負担ゼロで直すこともできる。しかし人工造成をした場合は全額地主の負担で直さなければならない。

青山高原では風力発電によって鳥類への影響も出ている。絶滅危惧種であるクマタカはいなくなり、同じく絶滅危惧種のヨタカは三キロ以内から姿を消した。世界的にも野鳥激減の報告は多数ある。

地元には不利益ばかり、風車撤去せず放置も

風力発電事業を推進するために事業者は「経産省の許可を得た」という。しかし経産省がおこなうの

は許可ではなく「認証」であって、計画が規格に合っているかどうかの確認をするだけだ。経産省にとって環境影響などは関係なく、地主の同意さえあれば機械的に認証する。そのため強制力も責任もない。環境影響評価も、環境省の許可を得ているわけではない。簡単にいうと事業者が自分で問題を作り、自分で問題を解いて自分で答え合わせをしているようなものだ。事業者は順に手続きを踏めばいいだけで、国、県、市も助言をするだけ。市民の意見の採用は事業者次第だ。

事業者は経産省や環境省の許可を得て、強制力があるかのような錯覚を狙っている。

地主にとってのメリット・デメリットを考えてみる。

借地料が得られることはメリットかもしれないが、デメリットも多い。事業中止、中断、終了時の補償がないことが多い。

また土地を事業者に売った場合は次にどこに転売されるかわからない。跡地が産廃や除染残土の廃棄場所になる可能性もある。捨てられても文句はいえない。土地契約をめぐっては、「地上権」というものがあり、地上権が事業者に移った場合、地主の同意がなくても転売や又貸しが可能になる。また、土地を売った場合、株券や債券、約束手形による支払いにも注意しなければならない。価値がゼロになり、ゼロ円で土地をとられてしまう危険性もある。

そして最近は「特別目的会社」や「合同会社」を作って事業をおこなうケースが増えている。これらは設立と解散が簡単で、融資や債権を集めやすいため事業者と投資家にとって有利だ。また、万が一倒産した場合でも出資金の額しか責任を負わなくていい。

この場合裏を返せば、地主や地元にとっては圧倒的に不利になる。倒産や事故があった場合、簡単に事業者側が撤退できるからだ。また、撤去費用の供託などといった対策指導を事業者側が拒否する例も最近増えている。

風力発電計画を見るうえで、「定格出力」について知っておかなければならない。

原発、火力発電、水力発電の定格出力は発電機の普段の出力だが、風力発電の定格出力は、風速一二〜二五メートル/秒の強風時の出力であり、ほとんどその発電機の最大出力のことを指す。これほどの風は傘が差しにくく、歩きづらいほどの強風であり、専門家も「そんな風はめったに吹かない」と指摘している。

つまり、風力発電の設備容量(定格出力×数)だけを見て、「原発や火力発電の代わりになる」とはとてもいえない。実際に風力発電によって原発一基分(一〇〇万キロワット)を補うには、四三〇〇キロワットの風車が二三二基必要となる。実際に風車を一直線に並べて建設したとすると、京都から広島までの距離が必要だ。

「太陽光発電と風力発電だけで再生エネルギー一〇〇%」という宣伝が増えているが注意しないといけない。

千葉県の大学が同じ謳い文句で再エネをアピールしていたが、実際は風力や太陽光で作った電気を売電し、普段は火力発電の電気を使っていた。売電量と使用電力量が同量か売電が上回っているから「再エネ一〇〇%」と謳っているだけだ。つまり数合わせでしかなく、最近はこのような手法は「グリーンウォッシュ」(環境に配慮しているかのように見せかけること)と呼ばれている。太陽光と風力だけで年間終日電気をまかなうことは不可能だ。

また最近は風力発電の高額な撤去費用が問題になっている。

中型機(七五〇キロワット)の風車一基あたりの撤去費用は約一億~三億円かかる。また、青山高原ではメーカーが倒産したため、そもそも風車の解体方法がわからないということが問題になった。さらに合同会社の場合、出資金のみの責任だけで撤去の義務がない場合もある。そして一時期ブームになった自治体経営の風車に関しては、撤去のための基金がなくなってしまい、五年や一〇年そのまま放置されている風車もある。最近、新潟県上越市では三年間放置していたら壊れ出したので、周辺を立ち入り禁止にしたという報道もあった。

風力発電に未来はない。発電の不安定さの解消は無理だった。

日本中に風力発電を建てればどこかで強い風が吹くので全国で連携すればいい、などという説もあったが、不可能だった。水素生産専用の風力発電の研究もおこなわれたが、水素そのものの使い道がない。安く発電しようという方向だったが、今は電気の価格は高止まりしている。結局、風力発電は補助や優遇なしでは自家消費専用くらいでしか使い物にならない。

住民はこんなものにつきあう義務もメリットもない。

第五章

陸上と洋上で異なる景観問題

垂直見込角が大きいほど圧迫感が強い

武田恵世さんの話で風力発電の真実がわかったが、それでも各地で風力発電の計画は目白押しである。地元の人たちには、これにどう対応していくかという問題が突き付けられる。特に切実なのが、巨大な風車が立てられることで起きる景観上の問題と、その風車が発する低周波音による健康被害の問題である。

この章では、風車が建設されている時から気になってくる景観の問題について考えていく。住民たちの快適な生活、人生を侵害する重大な問題である。

風車は近いほど圧迫感が大きいから、できるだけ遠くにある方がいい。風車の最大高、つまりブレードの最高点を見上げた時の視線と水平面との成す角度（垂直見込角＝仰角）が大きいほど圧迫感が強いから、垂直見込角が極力小さくなるように、より遠方に風車が設置されることが望ましい。ただ、風車がはるか遠くに見え、垂直見込角が一度程度であったとしても、気になる人はいる。

この風車による景観をめぐる問題を、どのように考えていくべきか。第三章で風力発電に揺れる自治体を紹介したが、そこの首長たちが景観について表明した「意見」にヒントが多い。そのいくつかを見ていこう。

街並みの背景となる山並みの保全、周辺の景観との調和

総合商社の双日は二三年六月、小樽市と余市町にまたがる山域で進めていた「（仮称）北海道小樽余市風力発電所」計画の中止を表明した。そのきっかけとなったのが、小樽市が北海道知事宛に出した「環境影響評価準備書に対する小樽市意見」である。その中の「景観上の影響」の項で、迫俊哉・小樽市長はこう述べている。

「本市は、昭和五八年に、北海道で初めて景観条令を制定し、平成四年には、歴史的景観に加え、本市の特性である自然景観・眺望景観を守ることなどを盛り込んだ『小樽の歴史と自然を生かしたまちづくり景観条令』を制定し、景観行政を推進してきた。

景観の良否については、個々人の主観によるところがあるが、準備書において示されたフォトモンタ

ージュによる予測結果から、小樽八区八景の一つである塩谷丸山からの眺望において、近景の山並みに介在する二六基の風力発電機が山の稜線を切断し、良好な景観に極めて重大な影響を及ぼすことが確認されたほか、小樽歴史景観区域などの遠方からの眺望においても、街並みの背景となる山並みに風力発電機が介在し、周辺の景観との調和を乱す状況が想定された。

また、塩谷丸山や小樽歴史景観区域で実施されたフォトモンタージュを用いた利用者アンケートの結果において、風力発電機が介在する風景に対して否定的な回答が多く見られたほか、住民等から景観への影響を懸念する意見が多く寄せられており、市民をはじめ、本市の景観に愛着を持つ方の理解が得られているとは言い難い状況にある。本事業計画においては、小樽市景観計画により、街並みの背景となる山並みの保全、周辺の景観との調和及び主要な眺望地点からの景観を阻害しないことが求められるが、準備書において、これらへの対応が十分とは認められず、景観への影響が回避されているとは言い難い。」（注：フォトモンタージュは合成写真）。

「主要な眺望点だけでなく、住民の日常的な視点場からの景観にも留意を」

風力発電の新設計画ラッシュに見舞われている和歌山県では、県知事が厳しい「意見」を出し続けており、特に景観をめぐる問題ではきめ細かな注文を付けている。それを受けた対象地域の首長たちの回答も興味深い。最初に陸上の風力発電事業計画二件について見ていく。

二〇年八月、仁坂吉伸知事（当時）は、「（仮称）紀中ウインドファーム事業」の事業者である住友林業と電源開発に対し、「計画段階環境配慮書に対する環境の保全の見地からの意見」を出した。その中の「景観」の項で、こう述べている。

「配慮書においては、垂直見込角の数値のみで『影響は小さい』と評価しているが、景観への影響は、単に見える大きさだけで評価されるものではなく、稜線との取合いなどの空間構成や、他の景観構成要素との関係、太陽光や四季の変化などの環境の変化、複数の風力発電設備による複合的な影響、その景観が持つ重要性など様々な要素によって大きく左右されるものである。今後、環境影響評価を進めるに当たっては、次に掲げる事項に留意して、景観に係る重大な影響を回避し、又は十分に低減すること。

ア　国選定重要文化的景観『蘭島（あらぎじま）及び三田・清水の農山村景観』の選定地域内から風力発電施設が見えないようにすること。

イ　配慮書では、事業実施想定区域から約八・六㎞の範囲に限定して眺望点の抽出を行っているが、視程の状況を踏まえた上で、護摩壇山展望台など周辺の重要な眺望点を広く抽出すること。

ウ　主要な眺望点だけでなく、住民の日常的な視点場からの景観（囲繞景観）について検討すること。また、キャンプ場や天文台など、美しい星空が見える視点場からの夜間景観について、航空障害灯による影響を検討すること。」（注：蘭島は、和歌山県で唯一、「日本の棚田百選」に選ばれている）。

この知事意見に対し、対象地域である有田川町の中山正隆町長は回答の中の「景観について」の項で、こう述べている。

「事業者は、町には事業実施想定区域は風力発電機のブレードの先端さえも視認できない場所を設定していると事業説明を行ってきた。また、七月一日に行われた住民説明会においても、あらぎ島展望所からの眺望において、風車は視認できないよう完全に視認範囲から除外したと明言している。P二四七において、あらぎ島展望所からの垂直見込角〇・八度の記述は、前述の町や町民への説明『あらぎ島展望所から風車は視認できない』と相違があり明らかに間違いであるから、事業者は、町や住民への説明のとおり、あらぎ島展望所付近から風車が完全に視認できないと明記すること。

P二四七予測結果についても、可動部がなく灰色で先の尖った鉄塔の見え方の知見を引用し、国の重要文化的景観の眺望について、『景観的にほとんど気にならない』程度と断じているのは、あまりに横暴である。国選定重要文化的景観『蘭島及び三田・清水の農山村景観』の眺望景観はあらぎ島だけでなく、後背に見える遠方の奥山を含む多様な中山間の農村全体を棚田景観として一体的に認知できる視覚的特性があることを文化財の本質的価値の一つと上げている。したがって、国の重要文化的景観を構成する後背の自然景観資源に風力発電施設が建設されることは、国の重要文化的景観の保全に影響を及ぼす行為に該当する可能性が極めて高く、影響は小さいとは言えない。そのため、国民共有の財産である重要文化的景観の選定地区内から風力発電施設が視認できることは望ましくない。

事業者は、町や住民への直接説明のとおり、あらぎ島展望所からの視認できない風力発電設備配置位置とすること。また、眺望点をあらぎ島展望所に限定することなく重要文化的景観選定地区内から主要な眺望点を設定して、調査、予測及び評価を行うこと。（中略）

また、計画区域の北から北西部の二㎞以内に一七一戸、一㎞以内に四二戸もの住居が存在しており、直近に見上げる巨大な風車は、相当な圧迫感を与えると容易に想像でき、騒音等は元より、日常的に続く太陽光を断続的に遮る明暗が繰り返す影の影響（シャドーフリッカー）も、住民にとって、相当苦痛に感じると推測する。風力発電機は、住居等よりも標高が高い位置に設定されていることから、通常の風車の影の影響範囲よりも遠距離まで影響を生じるおそれがある。このような影響を受けない住居からの位置及び標高差に留意した風車位置とすること。」

風車は大きさ、形、色、配置などによっても、圧迫感や威圧感を与える

ＪＲ東日本エネルギー開発による「（仮称）新白馬風力発電事業」に対する「計画段階環境配慮書に対する環境の保全の見地からの知事意見」（二〇二三年七月）の「景観」の項で、和歌山県の岸本周平知事は前記の（仮称）紀中ウインドファーム事業に対する知事意見と同様のことをア、イに分けて、こう述べている。

「ア　配慮書においては、眺望景観を垂直視野角の数値のみで評価している。しかし、景観への影響は、単に見える大きさだけで評価されるものではなく、風力発電設備の色や、稜線との取合いなどの空

間構成、稜線の改変の有無、他の景観構成要素との関係、太陽光や四季の変化などの環境の変化、複数の風力発電設備による複合的な影響、その景観が持つ重要性など様々な要素によって大きく左右されるものである。眺望点からの眺望景観について、影響を回避又は十分に低減するよう、慎重に調査及び検討すること。

イ　主要な眺望点だけでなく、住民の日常的な視点場からの景観（囲繞景観）についても検討すること。」

この知事意見に対し、対象地域である日高町の松本秀司町長は、こう回答している。

「風車の大きさ、形、色、配置等については、供用時に見る人に対して圧迫感や威圧感を感じさせるなど景観への影響が懸念されることから、当該影響について低減が図れるよう配置等について十分に検討すること。」

御坊市の三浦源吾市長は率直な回答をしている。

「本市はすでに、白馬ウインドファーム、広川日高川ウインドファームなどの風力発電施設に囲まれている。本事業は、現行の白馬ウインドファームを活用して事業を実施されるが、本事業が事業実施想定区域に設置されるとなると、山側が風車だらけになることから、市民に圧迫感や違和感を与えないよう、配置、規模等を十分検討して、現在の眺望景観を損なうことのないように配慮すること。」

凹凸がない水平線では、垂直見込角が一度未満でも気になる

次に、和歌山県の洋上風力発電計画二件の景観をめぐる論点を見ていこう。

仁坂吉伸知事（当時）が一九年四月に出した、「（仮称）パシフィコ・エナジー和歌山西部洋上風力発電事業に係る計画段階環境配慮書に対する和歌山県知事意見」では、「景観に対する影響」として、こう述べられている。

「想定区域の周辺には、煙樹海岸県立自然公園が位置し、同公園内には『日ノ御埼灯台』『西山ピクニック緑地』『煙樹ケ浜』等の眺望点が存在しており、本事業の実施により、これらの主要な眺望点からの眺望景観への重大な影響が懸念される。このため、風力発電設備等の配置等の検討に当たっては、現地調査により主要な眺望点からの眺望の特性、利用状況等を把握するとともに、想定海域を眺望点から正面に見る『視程』の年間データについても示した上で、フォトモンタージュ等を作成し、垂直見込角、主要な眺望方向及び水平視野も考慮した客観的な予測及び評価を行い、その結果を踏まえ、眺望景観への重大な影響を回避又は十分低減すること。」

対象地域である御坊市の柏木征夫市長（当時）は、この知事意見に対する回答の「景観について」の項で、こう述べている。

「本市はすでに、白馬ウインドファーム、広川日高川ウインドファームなどの風力発電施設に囲まれており、さらに本事業の洋上風力発電施設が御坊市地先海域に設置されるとなると、山側や海側を見渡

しても、風車だらけになることから、市民に圧迫感や違和感を与えないよう、配置、規模等を十分検討して、現在の眺望景観を損なうことのないように配慮すること。また、事業実施想定区域には、県立自然公園に指定されている『煙樹海岸県立自然公園』があり、日高川河口付近の干潟には、県の準絶滅危惧種（NT）に指定されているハマボウの群生地があることから自然環境や景観に影響がないよう配慮すること。」

同じく対象地域である美浜町の籔内美和子町長の回答は、こうだ。

「風力発電機の大きさ、形、色、配置等については、供用時に見る人に対して圧迫感や威圧感を感じさせるため景観への影響が懸念される。特に、煙樹ケ浜や日ノ御埼、西山ピクニック緑地といった眺望点については、和歌山県朝日夕陽百選にも選出されている重要な景勝地であり、ひとつの観光名所となっていることから、その景観を含めた美しい自然環境に影響を及ぼさないよう十分な調査を行い、配置・規模について検討し、その結果を明確にすること。」

松本秀司・日高町長の回答は、以下の文言のみである。

「日高町では、和歌山県朝日夕陽百選にも選出されている、産湯海岸および西山緑地公園の景観に影響が出ると考えられる。」

二三年八月、岸本周平知事は関西電力とRWEリニューアブルズジャパンによる「(仮称) 和歌山県沖洋上風力発電事業」についての「計画段階環境配慮書に対する環境の保全の見地からの意見」を発した。「景観」の項では、論点をアとイに分けてこう述べている。

「ア　配慮書においては、『景観対策ガイドライン（案）』（UHV送電特別委員会環境部会立地分科会、昭和五六年）を参照し、垂直見込角が一度を上回る主要な眺望点のみを選定し、予測・評価している。しかし、凹凸が一切ない水平線において適用すべき参照値ではなく、垂直見込角一度未満であっても、景観的に気になる場合が十分考えられることから、予測・評価を行う主要な眺望点として、吉野熊野国立公園内で国指定の名勝である『円月島』や『千畳敷』、『三段壁』、ナショナルトラスト運動によって保護されている『天神崎』、煙樹海岸県立自然公園内の『日ノ御埼灯台』などの主要な眺望点も広く選定し、予測・評価を行うこと。

イ　景観への影響は、単に見える大きさだけで評価されるものではなく、風力発電設備の色や、水平線との取合いなどの空間構成、他の景観構成要素との関係、太陽光や四季の変化などの空気の変化、複数の風力発電設備による複合的な影響、その景観が持つ重要性など様々な要素によって大きく左右されるものである。眺望点からの眺望景観について、影響を回避又は十分に低減するよう、慎重に調査及び検討すること。」

この知事意見に対し、対象地域である御坊市の三浦源吾市長は、前出の（仮称）パシフィコ・エナジー和歌山西部洋上風力発電事業に対する柏木征夫・前市長の回答と同様の以下の回答をしている。

「本市はすでに、白馬ウインドファーム、広川日高川ウインドファームなどの風力発電施設に囲まれており、さらに本事業である洋上風力が御坊市地先海域に設置されるとなると、山側と海側を見渡しても、風車が数多くみられるようになるため、市民に圧迫感や違和感を与えないよう、配置、規模等を十分検討して、現在の眺望景観を損なうことのないように配慮すること。」

陸上風車は、最寄りの稜線から突出する高さを可能な限り低く抑えること

兵庫県の「(仮称) 新温泉風力発電事業」(前出)について、一七年一一月、兵庫県の井戸敏三知事(当時)は「計画段階環境配慮書に対する環境の保全の見地からの意見」を発し、「景観」の項でこう述べている。

「ア　風力発電施設の大きさ、配色及び配置等の検討にあたっては、景観の形成等に関する条令(昭和六〇年三月二七日条令第一七号)に基づく特定建築物等景観基準を遵守するとともに、最寄りの稜線から突出する高さを可能な限り低く抑えるなどの配慮を行うこと。また、供用時において周囲へ与える圧迫感や威圧感等の影響を回避・低減するとともに、四季を通じて変化する自然風景への調和並びに複数基のまとまりの景観について配慮した上で事業計画を検討し、方法書に記載すること。

イ　事業実施区域周辺には、兵庫県立但馬牧場公園や清正公園等の主要な眺望点が存在していることから、専門家や地域住民の助言も踏まえ、適切に環境影響評価を実施すること。なお、眺望点の選定にあたっては、自然公園内における主要な展望地についても検討するとともに、必要に応じて地域住民や自治体の助言等も得た上で、集会所等の地域住民にとって身近な場所についても対象として検討すること。」

この井戸知事の意見に対し、新温泉町の西村銀三町長は「景観・環境悪化への懸念」として、こう回答している。

「景観調査地点の設定において、住宅等の存在する地区を設定根拠としているが、本事業では二一基の風力発電機が住宅等の存在する地区（集落）を取り囲むように設置が計画されている。このため、風力発電機の設置による景観の変化が住民等に心理的圧迫感を与える可能性や日中のみならず夜間における景観についても十分考慮したうえで、その結果を適切に事業計画に反映すること。」

アジア風力発電が島根県益田市匹見町で計画している「(仮称）益田匹見風力発電事業」（前出）について、隣の広島県知事が意見書を発しているのも注目される。この事業の想定区域の近くに、「生物多様性保全上重要な里地里山」や「日本の重要湿地五〇〇」に選定され、「広島県自然環境保全地域」に指定されている八幡湿原や「保安林」、「鳥獣保護区」「生物多様性の保全の鍵になる重要な地域」など重要な自然環境が存在しているからである。

湯崎英彦・広島県知事は「計画段階環境配慮書に対する知事意見」の「景観」の項で、二つのポイントをア、イに分け、こう述べている。

「ア　事業実施想定区域周辺は、多数の主要な眺望点及び景観資源が存在しており、風力発電設備の設置や搬入路の新設、拡幅等により、それらに影響を及ぼすおそれがある。全ての主要な眺望点からの眺望景観について、風車の特性（発光すること、動くこと）、地域特性（周囲に高層建築物がなく視野も広いため視認されやすいこと）、見え方を踏まえ、適切な方法で調査、予測及び評価を行い、それらの結果に基づき、風力発電設備の配置等について検討すること。なお、検討に当たっては、夜間の見え方や、風車の色彩も考慮すること。

イ　配慮書において選定している主要な眺望点以外にも、『鷹ノ巣山』、『冠山』、『二川キャンプ場』、『聖湖キャンプ場』及び『千町原』を主要な眺望点として追加し、これらの他にも、事業実施想定区域周辺に存在する主要集落、登山ルート及び天然記念物等からの景観も検討のうえで主要な眺望点として追加すること。なお、検討に当たっては利用者や地域住民及び地元自治体等の意見を聴くこと。」

第六章

低周波音による健康被害は世界の常識

第四章で武田恵世さんが述べたように、風力発電による低周波音被害は各国で広く認識されており、日本でも一般的な常識になりつつある。陸上に風力発電施設を建造することが難しくなってきたのは、そのためだ。

ところが、環境省をはじめとする国の機関は風力発電による低周波音被害を認めておらず、あくまでも「騒音」の問題のみに対処している。

和歌山市の医師（元和歌山赤十字病院第一内科部長）として早くから低周波音被害を研究し、社会に訴えてきた汐見文隆氏（一六年に逝去）は、一〇年一一月に「低周波音被害者の人権を認めない国・日本」という講演を行っている。以下、その講演要旨を紹介する。

低周波音被害者の人権を認めない国・日本――汐見文隆

低周波音はおよそ一～一〇〇ヘルツであり、一～二〇ヘルツは超低周波音といわれます。普通このような低い周波数の音は、ほとんど、あるいはまったく聞こえないか、感じ取れません。それが我々一般人の感覚（聴覚）です。ところが低周波音被害者はそれを感じ取るだけでなく、頭痛・不眠・肩凝り・めまい・イライラその他、多様な強い不定愁訴被害を訴えて苦しみます。そのため低周波音環境でそのまま生活することが困難となります。しかし、この国では、産・官・学から法曹界まで、挙ってこの事実を認めず、低周波音の「被害者」を「苦情者」と呼んで、その人権すら無視しています。いわく「気にするからだ！」。気にしなければよいだけの現象でしょうか？

ある集会場での意外な経験

一〇年四月に東京都品川区で「風力発電を考える全国集会」が開かれ、私は招かれてはいませんでしたが、風力発電被害の勉強のため参加しました。開会前、静岡県東伊豆町から参加された二人のご婦人（風力発電機から六〇〇ｍの距離に住む被害住民）から、意外な訴えの相談を受けました。「会場が苦しい！」。しかし、「廊下に出ればどうもない」と言われるのです。そこで会場内で耳を澄ませてみますと、まだ四月末だというのに、緩く冷房がかかっているような感じで、機械音が聞き取れます。多分会場の温度管理や換気に非常に配慮した立派な会場なのでしょう。これを設計・建設した人の自信のある会場だと想像されます。

しかし、「情が仇」とはこのことです。最大の快適な会場と苦心して建設したはずなのに、彼女たちは苦しくて居られない会場になっているのです。これを建築した業者は、「現代機械文明は人類の幸福に寄与している」と信じているのでしょうが、少なくとも全人類の幸福とまで自慢することは許されないのです。

会が始まると、私はそんなかすかな機械音のことなどまったく気にすることなく、というか忘れてしまって、最後まで会場にいたわけですが、もちろんどうもありません。しかし、彼女たちは苦しくて早々に逃げ帰ったというのです。せっかく東伊豆町から東京まで出てきたというのにです。

「感覚の差」は絶対である

低周波音被害者の低周波音に対する感覚（聴覚？）は、私を含めて一般の人の感覚（聴覚？）とはまったく異なるのです。「感覚の差」は絶対です。それは、「脳の働き」の相違であって、その人の意思ではどうにもならないのです。目が見えない（視覚障害者）、耳が聞こえない（聴覚障害者）といった感覚の異常は、治療の問題を除けば、少なくともその時点では絶対です。

嗅覚障害（においがわからない）を例に取って考えてみましょう。ある化学工場から有毒ガスが大量に流出して、周辺の民家を包みました。不幸中の幸いというか、その有毒ガスは強い臭気を伴っていましたので、周辺の住民はその悪臭に気が付いて早々に逃げ出しましたので、人的被害を免れました。ところが住民の中に一人だけ、嗅覚障害の人がいました。その悪臭に気が付かないので逃げ出さなかったため、有毒ガスにやられて死亡しました。皆が助かっているのに一人だけ死んだのは、その人が悪いということになるのでしょうか？　工場に対して死亡にまで責任を取らせるわけにはいかないと言うのでしょうか？　当然、有毒ガスを流出させた工場がすべて悪いのであって、その人は悪くありません。それが、気の毒だ、かわいそうだと同情するだけで終わりですか？

ところでこの国では、低周波音被害者はどう扱われているのでしょうか？　一般の人は、聞こえるか聞こえないような低周波音など、どうもありません。平気！「気にするお前が悪いだけ」ということになっているのです。「感覚の差」の絶対性を認めようとしないのです。人権無視です。

低周波音被害は長時間の低周波音環境曝露の後に発生します。長時間の低周波音を発生する機械・装置を製造した者、それを設置した者、それを使用する者が悪いのであって、低周波音被害者はそれによって感覚異常者（低周波音過敏者）にされた被害者であり、以後過敏になった低周波音に苦しみ続けるのです。それがどうして「鋭敏なお前が悪いのだ」ということになるのでしょうか？

骨導音をどこに隠したか？

聴覚には、気導音と骨導音と、二種類のルートがあります。耳介で集められた音（空気振動）は外耳

↓中耳↓内耳と伝えられます。これが気導音です。それに対し、外耳、中耳を通らず、空気振動が頭蓋骨から直接内耳に到達するのが骨導音です。この両者の区別は聴力障害の診断に必要ですから、それを区別するための検査は昔から耳鼻科で採用されています。

録音して聞く自分の声は本来の自分の声と違うという人が結構います。それは録音して聞く自分の声は気導音ですが、本来の自分の声は、それに声帯の振動が頭蓋骨に伝わって発生する骨導音がプラスされているためと考えられます。周波数が低いほど隔壁を貫通する性質が強く、低周波音被害は骨導音が主体とみられ、他方普通音（五〇ヘルツ以上）はこれをマスクする側に回ります。

ところが音響学関係でこの国に通用しているのは気導音オンリーで、骨導音は行方不明です。感覚閾値とは気導音による聞こえる、聞こえないの実験値です。

〇四年六月、環境省環境管理局大気生活環境室が作成した「低周波音問題対応の手引書」で、「低周波音による心身に係る苦情」に登場する［参照値］はこの感覚閾値に類する気導音の実験値ですから、骨導音とは無関係です。手引書には、「低周波音による物的苦情」―建物・建具などのガタツキ―に対する［参照値］も取り上げられています。家屋が振動すれば、当然その中の人に影響が出ます。頭蓋骨が振動すればその中の脳に影響します。しかも低周波音は貫通力が優れているというのに、「低周波音による物的苦情」は隔壁止まりであって、中の人間の骨導音には無関係になっています。これが日本の物理学です。

こんな「心身に係る苦情」の参照値では、実際の低周波音被害者の環境の測定値が合格になるはずはありません。皆殺し同然になっているのが現状です。それを（社）日本騒音制御工学会に設置された「低周波音対策検討委員会」に責任を押しつけながら、「参照値は基準ではない。目安に過ぎない」とか、ごまかし続けて、参照値を廃止しようとしないのです。しかし、低周波音被害に知識の少ない地方行政はこのでたらめな参照値に頼り続けざるを得ないのです。

ところが、この参照値の出現した前年の〇三年、「骨伝導携帯電話機」が発売されました。話し相手の声を固体振動に替え、その振動部分を直接耳の周辺の骨に当てて、骨導音として聞き取る仕組みです。ガード下や繁華街など騒音が大きくて気導音が聞き取りにくい場所でも利用できます。この国の工学関係企業は、ちゃんと骨導音のことを知っているのです。カネになることなら大いに利用する。しかし、カネにならない低周波音被害者の救済などは、気導音だけで切り捨てです。これがこの国のモラルですか？

どうして低周波音被害者は救済されないのでしょうか。いま日本の社会では、騒音がどんどん増えておりますが、その騒音の周波数を下げれば、その分聞き取りにくくなり、騒音は低下します。周波数を下げるインバーターの普及で、周波数を下げる騒音対策がしきりに利用されるようになりました。

〇二年頃、静音設計の家庭用電気冷蔵庫が発売されました。五〇ヘルツで二五デシベルの運転音が、二五ヘルツに半減させたら二〇デシベルと静かになったというのです。これに味をしめて、周波数を下げることが広がったようです。その代表がエコキュート（注：家庭用ヒートポンプ給湯機）でしょう。静かだから安い深夜電力が使えるということを広く宣伝し、国も補助金を出しました。その結果、エコキュートが全国的に普及することにより、それによる低周波音被害も全国的に増加していますが、業者も使用者（低周波音過敏者以外の使用者）も被害を認めようとはしません。

こうして低周波音は騒音の増加に隠れて密かに激増しているとみられますが、騒音にマスクされて、なかなか表に現れません。しかし、家屋の防温効果を高めて暖冷房の効果を高めようというエコの考えは、同時に防音効果を高め、騒音のマスキング効果を奪って、低周波音被害地獄社会の到来を呼ぶことでしょう。こんな現状でこの国はよいのか、深く反省すべき時です。

参考文献：『低周波音被害を追って』（汐見文隆著、寿郎社）

フィンランド、オーストラリアでの証明

フィンランド環境衛生協会によると、一七年に同国各地で実施された低周波音の測定実験の結果、風車が発する低周波音は、風車から一五～二〇㎞の範囲まで到達することが判明したそうである。

また、オーストラリアの『ハミルトン スペクテイター』紙は一八年二月、「同国の行政控訴裁判所は、風力発電機が発する低周波音と超低周波音を原因とするノイズが不眠やストレス・苦痛を引き起し、それがおそらく高血圧症や心臓血管病の発生の原因になっているという裁定を下した」と報じている。

近年、諸外国では洋上風力発電施設を沖合一〇km以上に建造させているのは、景観上の問題よりむしろ、低周波音による健康被害を考慮してのものと考えられる。

第一章で触れたが、一般財団法人電力中央研究所は一九年一一月に「再エネ海域利用法を考慮した洋上風力発電の利用対象海域に関する考察」という研究資料を発表した。その中の「諸外国における洋上風力の立地を促進する区域—離岸距離との関係—」の項では、こう記されている。「欧州・中国では洋上風力の立地を促進する、あるいは立地を禁止する区域を定める際、立地を認める離岸距離は数km以上とされている。これは、我が国のゾーニング（立地）と比較すると厳しい条件となっている。ただし、欧州・中国においては、数km以上離れていた場合においても、遠浅である点が我が国と異なる。」。

関連する「欧州・中国における洋上風力の立地が原則として認められる離岸距離」の表によると、英国とドイツ、オランダは一二海里（二二・二km）以上、中国は一〇km以上、デンマークは一二・五km以上である。

洋上風力発電と言いながら、計画のほとんどが、海岸からほんの数kmの「沿岸」に設置されつつある日本の状況の異様さが、よくわかる。

風車の大型化を考慮した環境アセスメントを

新たな風力発電計画に対して「意見」を述べている各県の知事たちも低周波音について言及している。

例えば和歌山県は二三年七月に「(仮称)新白馬風力発電事業に係る計画段階環境配慮書に対する環境の保全の見地からの知事の意見」を出した(第五章参照)。事業者であるJR東日本エネルギー開発に対するものだが、岸本周平知事はこの中で「騒音、超低周波音及び風車の影」の項を立てて、こう述べている。

「想定区域の周辺には多数の住宅が存在しており、騒音、超低周波音及び風車の影による重大な環境影響が生じるおそれがあることから、十分な離隔距離を取ること等により、これらの影響を回避し、又は十分に低減するための適切な環境保全措置を講じること。なお、上述のとおり、累積的影響が生じるおそれがあることを踏まえ、残留騒音については、既設の風力発電施設等からの影響を除外して評価を行い、風車騒音については、安全側に立つ観点から既設の風力発電施設等の影響を含めて評価を行うこと。」

兵庫県では、NWE－09インベストメントによる「(仮称)新温泉風力発電事業」(第三章と第五章参照)について、一七年一一月に井戸敏三知事(当時)が「計画段階環境配慮書に対する環境の保全の見地からの意見」を出しており、「騒音及び超低周波音」の項で三つのポイントを指摘している。

「ア　風力発電施設の規模及び配置等の検討にあたっては、最新の知見に基づいた適切な方法により調査、予測及び評価を行うこと。

イ　事業実施想定区域及びその周辺には交通量の多い道路や大規模な事業場等がなく静穏な環境であ

る。また、この地域は住居が各所に点在しており、これらに対する騒音及び超低周波音による環境影響が生じるおそれがあるため、風車は住居から十分に離隔させること等により、環境影響を回避又は低減させなければならない。なお、騒音による環境影響を低減するための離隔距離については、過去の事例を参考にしつつも、本計画で用いられる風車が過去にほとんど例のない国内最大級のものであることを考慮しなければならない。

ウ　標高の高い位置にある集落に対しては騒音が直接届くおそれがあるため、住居との距離のみならず地理的条件も十分考慮のうえ、風車の設置位置を検討すること。」

井戸知事がこの意見を発した五カ月後の一八年四月、新温泉町の西村銀三町長が「同事業の環境影響評価方法書について（回答）」を出し、「騒音・振動・超低周波音」の項で、以下のようにアイウエの四点を指摘している。

「ア　事業者は、『風力発電施設に係る環境影響評価の基本的考え方に関する検討会報告書（資料編）』（環境省、平成二三年）を元に、風車の配置にあたって住居との離隔距離を五〇〇m以上と設定している。当該報告書に記載されている騒音・低周波音に係る問題の発生状況に関する内容は、平成二二年四月一日時点において国内で稼働していた風車のデータを基にしている。また、国立研究開発法人新エネルギー・産業技術総合開発機構（ＮＥＤＯ）がホームページで公開しているデータによれば、当時稼働していた風車の出力は、最大三〇〇〇kW、平均約一〇〇〇kWである。一方、本事業では一基あたり四五

○○kWの風車を二一基設置するものであることから、当時の平均的な風車と比較して、相当程度大きな騒音等が発生すると考えられる。これらのことから、平成二三年の報告書は、本事業における住居等との離隔距離を設定するための根拠としては不十分である。したがって、設置する風車の音響パワーレベルを把握した上で、『風力発電施設から発生する騒音に関する指針』(平成二九年五月、環境省)等を含めた最新の知見に基づいた適切な方法により、調査、予測及び評価を行い、住居等との離隔距離を見直した上で、検討の経緯を含め準備書に記載すること。

イ　施設の稼働に伴う騒音について、方法書に記載の内容に加え、『風力発電設備に係るガイドライン』(平成一九年八月、兵庫県)に基づく調査、予測及び評価を行うこと。

ウ　国道九号の沿道においても、工事が始まると走行する車両が増える可能性があることから、道路交通騒音・振動の調査地点を設定すること。

エ　超低周波音については、人によって感じ方に差があることから、方法書に記載の予測・評価手法では不十分であり、実際の苦情事例及び被害事例等についての情報を収集したうえで予測評価を行うこと。」

この回答に続き、西村町長は二カ月後の一八年六月に、「環境影響評価方法書に関する追加意見」を出した。以下のように低周波音の影響に重点を置いた内容で、シャドーフリッカー(風車の影)の問題についても詳細に記述している。

「一　全体事項

（一）環境配慮への懸念　風力発電に対し低周波等による健康への被害を心配する住民が多く、既に稼働しているK町の風力発電所においても、完成後に低周波による不眠やシャドーフリッカーによるめまいなどの健康被害が報告されている。このような事例を踏まえ、環境影響調査を実施し住宅等との離隔を検討するのが本来であるが、方法書では、他町での健康被害等の状況があるにもかかわらず、そのことに配慮することなく風力発電機の設置予定範囲から物理的に可能な離隔を算出している。環境配慮等が適切に実施されないことが懸念される。

（二）事業計画の見直し　本事業で設置する風力発電機は、過去に例のない国内最大級の風車であるため、極めて注意深く環境影響評価を実施することが必要である。また、その結果において住民や環境への影響を可能な限り回避又は最大限低減すべきである。影響の低減が十分でないと予測される場合には、事業の廃止も含めて事業計画を見直すこと。また、対象事業実施区域内及びその周辺には多数の集落が存在し、その集落を取り囲むように二一基の風力発電機の設置が計画されている。環境影響評価の実施に当たっては、これらの集落等に居住する住民、所在する学校や社会福祉施設などの意見に加えて専門家の意見を聴取したうえで、最大限環境面や安全面を優先した調査・評価項目を設定するとともに、住民等への環境影響が予測される場合は事業計画を見直すこと。

二　個別事項

（一）環境配慮への懸念

①騒音及び低周波による人体への影響　対象事業実施区域内及び周辺には、交通量の多い道路や大規模な事業場等がなく比較的静穏な環境の中、住居のみならず学校等教育施設や福祉施設、牧場等が点在しており、これらに対して風車の回転による風切り音及び低周波等による健康被害が懸念される。特に、低周波音については、聴覚障がい者や音に過敏な人への影響について、不眠や頭痛、めまいや吐き気等の健康被害も報告されていることから、音の大小に関わらず客観的かつ適正な調査と精度の高い予測方法、それに対する最新の知見に基づく評価の方法を採用し、その結果を踏まえ、住居や施設との距離のみならず地理的条件も十分考慮のうえ、風車の大きさや設置位置等を検討すること。

②シャドーフリッカーによる人体への影響　晴天時には風力発電施設の運転により、地上部に、巨大なブレードの回転に伴う影の明暗が生じる。住宅等がシャドーフリッカーの範囲に入っている場合は、この明暗による生活妨害等の影響が懸念される。またK町では、シャドーフリッカーにより農作業中にめまいや体調不良を訴える事例も報告されているため、住民の生活環境へ悪影響を及ぼさないよう、住居との距離のみならず地理的条件も十分考慮のうえ、風車の大きさや設置位置等を検討すること。」

「聞こえる騒音の問題であり、聞こえない低周波音は問題としない」

新温泉町の西村町長の意見を要約すると、「風力発電に対し低周波音等による健康への被害を心配する住民が多いため、環境省の指針等を含めた最新の知見に基づいた適切な方法により、調査、予測及び評価を行うよう求める」というものだろう。

しかし、当の環境省は従来、風力発電施設から発生する超低周波音・低周波音と人間の健康との関連を認めておらず、同省の指針はあくまでも「騒音に関する指針」となっている。同省は、「風車騒音は、人の耳に聞こえる騒音の問題として扱う。人の耳に聞こえない超低周波音・低周波音は問題としない」という立場を取っている。つまり、「音質は関係ない。音量のみの問題である」という姿勢である。

同省は一三年度から水・大気環境局長委嘱による「風力発電施設から発生する騒音等の評価手法に関する検討会」（以下、検討会と略）を設置し、同検討会の報告書を踏まえて、一七年五月に「風力発電施設から発生する騒音に関する指針」を出した（次ページの図参照）。「風車騒音の指針値を残留騒音＋五dBとする。指針値の下限値を三五dBまたは四〇dBとする。」というものだ。「指針値の下限値」については、こう説明している。「①残留騒音が三〇dBを下回る場合、学校・病院等があり特に静穏を要する場合、保存すべき音環境がある場合は三五dBを下限値として設定。②それ以外の地域においては四〇dBを下限値として設定」（注：dBは音の大きさを示すデシベルという単位）。

また、この指針では風車騒音の周波数特性について、こう説明している。

「・二〇Hz以下の超低周波音領域は、すべて知覚閾値を下回っている。

・四〇Hz以上の周波数域で聴覚閾値を超えている。

風力発電施設から発生する騒音に関する指針

風車騒音の指針値

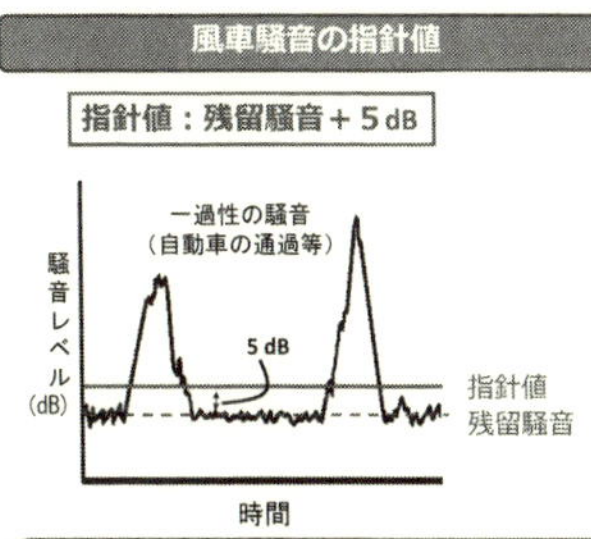

- 風車騒音の評価は、設置予定地近隣の住居等、風車騒音が人の生活環境に影響を与えるおそれがある地域で行う
- 残留騒音は、風が安定して吹くときに屋外で測定する。

※風車騒音測定マニュアルに基づいて測定

指針値の下限値

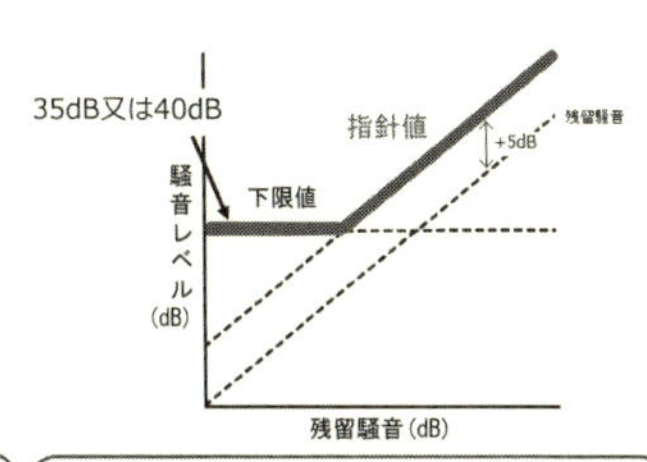

■下限値

① 残留騒音が30dBを下回る場合、学校・病院等があり特に静穏を要する場合、保存すべき音環境がある場合は35dBを下限値として設定

② それ以外の地域においては40dBを下限値として設定

資料：環境省

↓風車騒音は超低周波音ではなく、通常可聴周波数範囲の騒音の問題」

尚、閾値は、その反応を起させる最小の刺激量である。また、残留騒音は、「自動車の通過など一過性の特定できる騒音を除いた騒音」（同省）である。

低周波音という言葉すら使わない

環境省の水・大気環境局長は一七年五月、この指針についての説明文を都道府県知事と市長・特別区長宛に発した。冒頭の「（1）検討会において整理された主な知見」には、こう記されている。

「風力発電施設は、風向風速等の気象条件が適した地域を選択する必要性から、もともと静穏な地域に設置されることが多い。そのため、風力発電施設から発生する騒音のレベルは、施設周辺住宅等では道路交通騒音等と比較して通常著しく高いものではないが、バックグランドの騒音レベルが低いため聞こえやすいことがある。また、風力発電施設のブレード（翼）の回転に伴い発生する音は、騒音レベルが周期的に変動する振幅変調音（スウィッシュ音）として聞こえることに加え、一部の風力発電施設では内部の増速機や冷却装置等から特定の周波数が卓越した音（純音性成分）が発生することもあり、騒音レベルは低いものの、より耳につきやすく、わずらわしさ（アノイアンス）につながる場合がある。

　全国の風力発電施設周辺で騒音を測定した結果からは、二〇Hz以下の超低周波音については人間の知覚閾値を下回り、また、他の環境騒音と比べても、特に低い周波数成分の騒音の卓越は見られない。

　これまでに国内外で得られた研究結果を踏まえると、風力発電施設から発生する騒音が人の健康に直接的に影響を及ぼす可能性は低いと考えられる。また、風力発電施設から発生する超低周波音・低周波音と健康影響については、明らかな関連を示す知見は確認できない。

　ただし、風力発電施設から発生する騒音に含まれる振幅変調音や純音性成分等は、わずらわしさ（アノイアンス）を増加させる傾向がある。静かな環境では、風力発電施設から発生する騒音が三五〜四〇dBを超過すると、わずらわしさ（アノイアンス）の程度が上がり、睡眠への影響のリスクを増加させる可能性があることが示唆されている。」

　この説明文は、風車騒音等の問題から周波数（ヘルツ）を原因とする超低周波音・低周波音を除外し、音量（デシベル）の問題に落とし込む論理のすり替えである。風車から発生する超低周波音・低周波音が万病の元である睡眠障害につながることが世界の常識になっている中で示されたこの環境省の指針は、「二〇五〇年カーボンニュートラル」の達成に向けて導入を進めている風力発電を守るためのこじつけとしか見えない。

欧州などはもちろん、日本でも風力発電施設から発生する超低周波音・低周波音による健康被害は常識である。例えば、下関市医師会北浦班が出した安岡沖洋上風力発電への反対要望書には、「風力発電は周辺の住民の健康、および周辺環境に多大なる弊害を与えることが世界中から報告されており…」と記されている（第三章参照）。

ところが、日本の環境行政を司る環境省はその因果関係を認めていない。このねじれが、風力発電をめぐる最大の問題と言っても過言ではない。同省は、個々の風力発電事業に対する「環境大臣意見」などでは、低周波音という言葉すら使わない。

井戸・前兵庫県知事や西村町長が低周波音による健康影響を懸念していた（仮称）新温泉風力発電事業に係る「計画段階環境配慮書に対する環境大臣意見」でも、低周波という言葉は使われず、各論の（二）「騒音等に係る環境影響」として、こう述べられている。

「事業実施想定区域及びその周辺には、多数の住居、学校その他の環境の保全についての配慮が特に必要な施設（以下、『住居等』という。）が存在しており、工事中及び供用時における騒音による生活環境への重大な影響が懸念される。このため、風力発電設備等の配置等の検討に当たっては、『風力発電施設から発生する騒音等測定マニュアル（平成二九年五月、環境省）』及びその他の最新の知見等に基づき、住居等への影響について適切に調査、予測及び評価を行い、その結果を踏まえ、風力発電設備等を住居等から離隔すること等により、騒音等による生活環境への影響を回避又は極力低減すること。」

全国各地で計画されている風力発電事業についての環境大臣意見は、どれもそっくり同じで、低周波音という言葉は決して使わない。

日本弁護士連合会が環境省の姿勢についての意見書を提出

日本弁護士連合会は一三年一二月、環境省の姿勢を改めるよう求めた意見書を環境大臣と経済産業大臣に提出している。「低周波音被害について医学的な調査・研究と十分な規制基準を求める意見書」の趣旨は、以下の通りである。

「1．国は、人の健康及び環境を保護するため、低周波音被害（超低周波音被害を含む）に臨床的に取り組む医師等により構成された調査・研究機関を組織し、低周波音の長期暴露による生理的な影響、感受性に与える影響等について、被害者の実態を踏まえた疫学的調査を行うべきである。
2．国は、『一〇〇ヘルツ以下の音は聞こえにくい、一〇ヘルツ以下の音は聞こえないからいずれも生理的な影響は考えられない』という『感覚閾値論』や『感覚閾値論』を前提として環境省が二〇〇四年六月に作成した『低周波音問題対応の手引き』と『参照値』を撤回し、下記3の基準が策定されるまでの当面の間、ポーランドやスウェーデンなどの諸外国のガイドラインの先進例を参考にして暫定的な基準を設けるべきである。

3．国は、上記1の調査結果に基づいて、低周波音による健康被害を防止するに足りる、低周波音に関する新しい法的な規制基準を早急に策定し、これに基づき風力発電施設（風車）の立地基準やヒートポンプを利用した家庭用給湯設備等の設置場所に関しても基準を策定すべきである。」

売電価格の差で、洋上風力発電になびく

国は再生可能エネルギーの切り札として洋上風力発電に注力しているから、洋上風力発電の売電価格は陸上風力発電よりずっと高い。

経済産業省の資料によると、二三年度における陸上風力発電（新設、五〇kW以上）のＦＩＰ基準価格は「入札制、供給価格上限額は一五円／キロワット時」。これに対し、着床式洋上風力発電のＦＩＰ基準価格は「入札制、供給価格上限額は二四円／キロワット時」であり、九円も高い。だから風力発電の新規参入事業者は洋上風力発電になびく。

しかも、国（環境省など）が風力発電施設による低周波音被害を認めていないから、新規参入事業者は安心して、市街地に近い海に風車を建造できる。海岸に近い方が送電コストも安くなる。石狩湾や秋田県沖、北九州市の響灘、佐賀県唐津市沖、鹿児島県の薩摩半島西岸沖など沿岸部で、巨大な風力発電

計画が目白押しとなっているのは、このためだ。洋上風力発電といいながら、実態は陸上風力発電と大差ない沿岸風力発電である。

本来、洋上風力発電はもっと沖合に建造されるべきものである。

国が洋上風力発電導入拡大の拠り所としているのは再エネ海域利用法（第二章参照）であり、二〇一四年三月に閣議決定された同法の改正法律案第一条（法律の目的）にはこうある。

「排他的経済水域における海洋再生可能エネルギー源の適正な利用を図るため、排他的経済水域における海洋再生可能エネルギー発電設備の設置の許可等について定める…」。排他的経済水域（ＥＥＺ）は自国の基線から二〇〇海里（約三七〇㎞）の範囲内である。本来、洋上風力発電はこの広い排他的経済水域内に建造すればいいのである。水深が深くて着床式が無理なら、浮体式で造ればいい。

それが、岸辺から数㎞以内の沿岸風力発電計画になっているのは、おかしな現象である。欧州にならって洋上風力発電を導入するのなら、欧州にならって一二海里（二二・二㎞）以上の沖合での建造を進めるべきではないのか。

北海道大学の助教であり、風力発電設備による健康影響を研究している田鎖順太氏（工学博士）は、「沿岸に風力発電が立ち並ぶのは明らかに異常事態です。もっと沖合に建造されている諸外国では見られない現象です」と指摘する。田鎖氏は、『北海道 自然エネルギー研究』誌の第十八号（二〇一四年）に、論説「北海道沿岸の『有望な区域』における洋上風力発電の騒音による周辺住民への健康影響に関する検討」を寄稿している。以下、その全文を掲載する。

北海道沿岸の「有望な区域」における洋上風力発電の騒音による周辺住民への健康影響に関する検討――田鎖順太

1．はじめに

風力発電を計画する際には風車騒音による周辺住民への影響を考慮する必要がある。しかし、我が国では、風車騒音は「人の健康に直接的に影響を及ぼす可能性は低い」とされ（環境省、2017）、風車騒音による健康影響に関する既存の科学的知見に基づく評価が行われていないのが現状である（田鎖、2023）。

洋上風力発電も同様であり、騒音による影響は十分に検討されていない。二〇二三年、国は、北海道日本海側の広い地域を洋上風力発電の「有望な区域」に指定したが（経済産業省、2023）、その指定に際して騒音による影響は全く考慮されていない。

本報では、前報（田鎖、2023）で示した風車騒音による健康影響およびその評価法について概要を示し、その手法に準拠して健康リスクを評価した場合に、北海道沿岸の「有望な区域」における風車の設置が周辺住民にどの程度の健康影響を生じさせるかを推定する。

2. 風車騒音による健康影響とその評価法

筆者は、風車騒音の予測および影響の評価方法について、現時点で明らかになっている科学的知見に基づく方法を提案しており（田鎖、2023）、本報でもその手法に準拠している。本節では、その内容について概説する。

風車騒音とは、風車の翼の回転に伴う風切り音・ギヤボックスから発せられる回転音等、風車より発せられる音全般を指し、その周波数に注目すると低周波数の成分が比較的卓越している特徴を持つ。そのため、全周波数帯域を対象とした物理量である「騒音レベル」に加えて、比較的小さな音でも影響を生じやすい数十Hz程度の低周波音を評価するための指標も用いるのが望ましい。特定のオクターブ帯域を対象とした音圧レベルである「オクターブバンドレベル」やより狭い周波数帯域（1/3オクターブバンド）を対象とした「1/3オクターブバンドレベル」が広く用いられる。

風車近傍においては、睡眠障害・頭痛・めまい・耳鳴り等の健康影響が国内外で報告されている。それらの報告の多くが症例研究であるものの、睡眠への影響に関しては、風車騒音のレベルとの量的な関係（量反応関係）が国内における大規模な疫学研究を通じて示されている（Kageyama, et al., 2016）。この研究では、屋外の「騒音レベル」四〇・五dBを閾値として、リスクの増大が認められた。なお、風車騒音に関しては様々な疫学研究が行われているものの、その健康リスクが結論付けられた段階ではない（World Health Organization Regional Office for Europe, 2018）。国内で大規模に行われたこの調査結果は重要であるが、一方でその結果の不確かさについても留意が必要であろう。

低周波音に関しては、これに注目した疫学研究は見受けられないものの、過去に音響心理実験が行われており（犬飼他、2006）、「1/3オクターブバンドレベル」と「入眠時に気になる」という回答の関係が明らかにされている。一〇％の被験者が「気になる」と回答したレベルは、「低周波音による心身に係る苦情に関する参照値」（以降「参照値」とする）として行政の現場で用いられている。

筆者による前報では、騒音の予測値と、これら既存の科学的知見において影響や反応が現れたレベルとの高低を比較することによる健康リスクの評価法について提案した。

なお、環境省は二〇一七年に風車騒音に関する「指針」（環境省、2017）を示し、風車騒音は「人の健康に直接的に影響を及ぼす可能性は低い」と結論付けているが、睡眠への影響が直接的な健康影響として扱われていない、低周波音が卓越する風車騒音において「音の大きさ」のみにしか注目していない、風車騒音と無関係の科学的知見に基づき指針値を定めている、等の問題点が存在し、風車騒音による健康影響の評価に寄与しない。

3．有望な区域における健康影響の評価方法

3．1　対象とする風力発電計画

本報では、北海道内の洋上風力発電における「有望な区域」（図1）に計画される風力発電事業を対

象とした。

　国内の洋上風力発電は、発電事業者に海域の占有を認める法律に基づき進められており、国が洋上風力発電の「促進区域」として海域を指定した後、公募により発電事業者が選定され、計画が具体化する。北海道沿岸海域は、「有望な区域」の指定を受けており、今後「促進区域」に指定される可能性がある。

　この「有望な区域」は、石狩市沖、および積丹半島から渡島半島の日本海側に及ぶ海域が指定されている。いずれの海域においても、水深は50m以下であり、離岸距離は石狩市沖の最も海岸から遠いところでも六kmに過ぎない。諸外国での実績と比較して（宮脇、2022）、風車と沿岸の距離が極端に近い計画である。

3．2　騒音の予測方法および健康影響の評価方法

北海道内の「有望な区域」における風力発電事業は計画が具体化しておらず、設置される風車の位置・基数は未定である。しかし、経済産業省は、同海域に風車を設置する場合の発電出力規模を試算している（表1）。この試算では、当該海域に発電出力一〇～一五MWの風車が一列ないし二列に並んで設置されるとされている。

　本報では、この試算に基づき風車を設置した。同試算に準じて「有望な区域」のうち平均風速が七m/sを超える海域を対象とし、風車列が一列とされた場合には海域のほぼ中央を通るように、二列の場合には海域の陸側と沖側を通るように、等間隔に風車を設置した。また、風車の発電出力は一〇

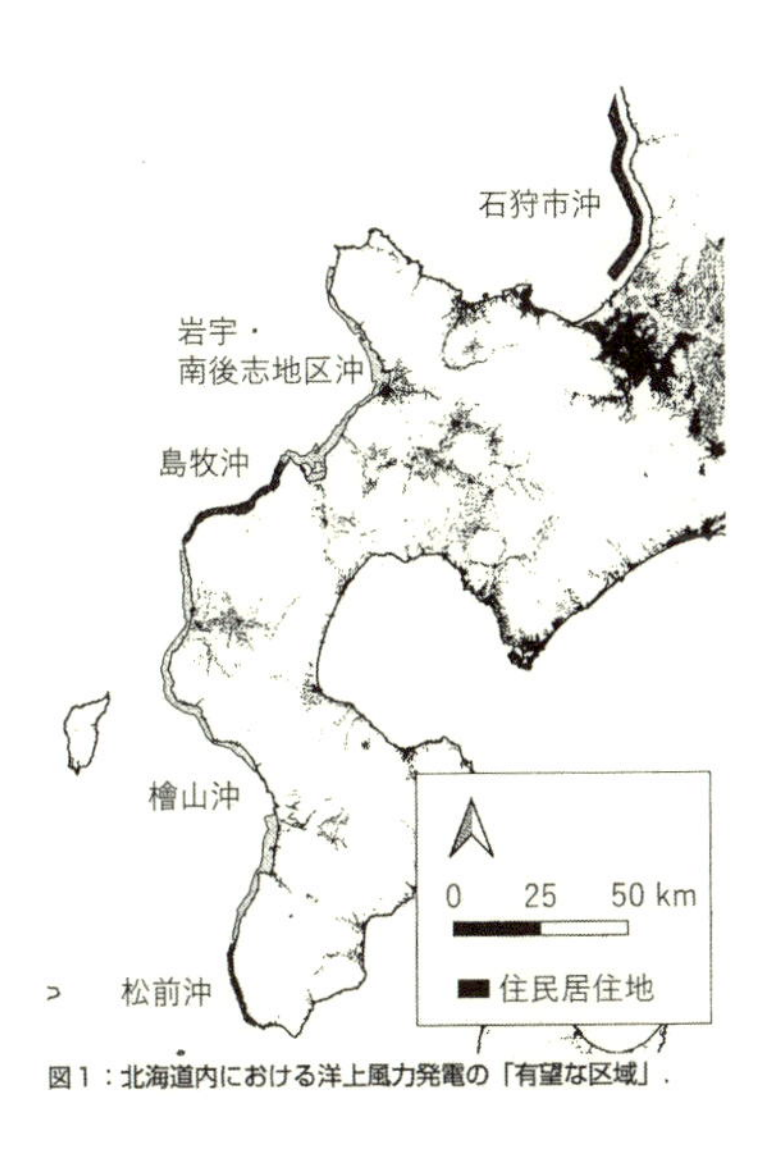

図1：北海道内における洋上風力発電の「有望な区域」.

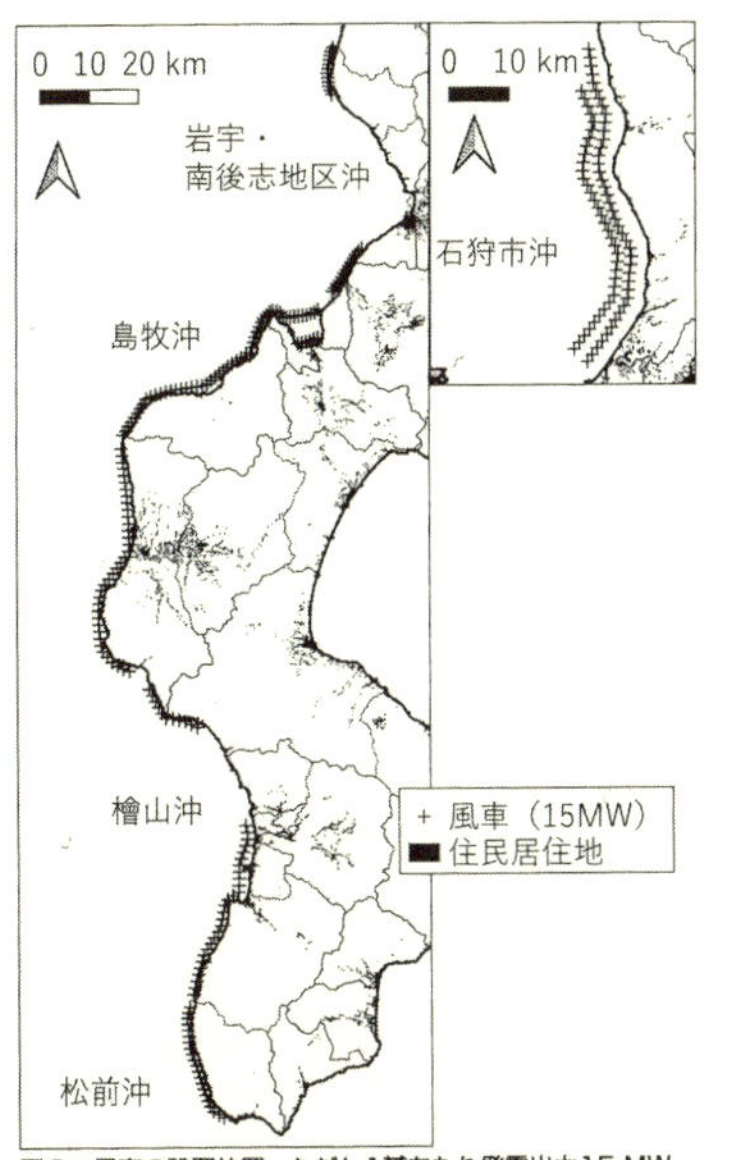

図2：風車の設置位置．ただし1基あたり発電出力15 MW
とし，基数が表1と一致するように調整した．

表1:北海道内の「有望な区域」に想定される洋上風力発電事業の風車設置基数

区域	風車列数	設置基数	
		出力10MW/基	出力15MW/基
石狩市沖	2	91	76
岩宇·南後志地区沖	1あるいは2	56	47
島牧沖	1	44	37
檜山沖	1	91	76
松前沖	1	25	21

ＭＷあるいは一五ＭＷとし、設置基数が表1と一致するように、その設置間隔を調整した。

図2に、発電出力一五ＭＷの際の風車位置を示す。積丹半島以西については海域が連続しているため、沿岸に連続的に風車が設置されることとなる。ここで、岩内町付近の沿岸は、平均風速が七m/sに満たないため、風車の設置位置から除外されている。なお、風況以外にも、漁業・船の航行その他の観点から風車が建設されない海域が存在することが普通であり、経済産業省の試算でも除外の記載があるが、詳細が不明であるため、本試算では考慮していない。

各々の風車についての音源の特性（パワーレベルおよび周波数特性）は、既存の科学的知見に基づき、発電出力に比例するとして設定した（Møller and Pedersen, 2011）。

風車からの騒音の伝搬については、筆者が提案した手法に準じ（田鎖、2023）、風車をハブ中心に位置する点音源とみなし、受音点を地表面高さ〇ｍとみなし、幾何減衰・空気吸収減衰・地表面反射による増幅を考慮して計算した。

さらに、このようにして計算される騒音の曝露レベルと住民数（国勢調査に基づく）を比較し、騒音曝露人口を求めた。

また、騒音レベル四〇・五dB（不眠症のリスク増大閾値）以上の曝露を受ける人口、家屋遮音量が一〇dBのときに「参照値」以上の曝露を受ける人口を求めた。さらに、前者については、高騒音曝露地域において不眠症の有病率が二・四％高かったことを用い、不眠症の有病数を推定した。

計算はQGIS version 3. 32. 3およびH-RISK version 0. 5. 0（田鎖、他、2022）を用いて行った。

4．健康影響の評価結果

図3に、発電出力一五ＭＷの風車が設置された際に屋外の騒音レベルが四〇・五dB以上となる地域を示す。これらの地域の騒音曝露レベルは、過去の疫学研究において不眠症の有病リスクに有意な上昇がみられたレベル以上となる。この地域の人口は合計二万四六八四人となった。また、このうち二・四％の住民が不眠症になるとすると、不眠症の有病数は五九二人と推定された。表2に、この結果の市町村別内訳を示す。江差町やせたな町では、不眠症の有病者が各約一〇〇人に達すると推定された。同様の試算を、発電出力一〇ＭＷの風車が設置されたと仮定して行うと、屋外騒音レベル四〇・五dB以上の曝露を受ける住民数が二万七二〇人、不眠症の有病数が四九七人と推定された。市町村別の影響については表2と同様であった。

図4に、発電出力一五ＭＷの風車が設置された際に、屋内における中心周波数八〇Hzの1/3オクターブバンド音圧レベルが「参照値」（四一dB）を超過する範囲を示す。ただし家屋遮音量一〇dBを仮定している。この範囲の人口は二万八二一五人と推定された。参照値は一〇％が入眠妨害を受けるレベルであるため、仮に上記範囲の住民の10％が入眠妨害を受けるとすれば、二八二二人が風車騒音による入眠妨害を受けることとなる。市町村別内訳を表2に示す。全体の傾向は不眠症に関する推定結果と同様で

あるが、内陸部の人口が多い石狩市で、曝露範囲に居住する人口が特に多くなった。なお、「参照値」はより低周波帯域でも設定されているが、この周波数帯域において影響範囲は最大となった。

発電出力一〇ＭＷの風車で同様に計算すると、「参照値」以上の騒音曝露を受ける住民数は二万二二一七人、入眠妨害を受ける住民数は二二二二人と推定された。

5．考察

本報では、北海道内における洋上風力発電の「有望な地域」について、具体的な計画の策定に先駆けて風車の配置等を仮定し、周辺住民に及ぼす健康リスクの評価を試みた。

我が国で行われた疫学研究の結果に基づき推定したところ、不眠症のリスクが増大し得る地域に約二万五〇〇〇人が居住し、有病数が約六〇〇人に達する可能性が示された。不眠症が疾患であること、また不眠症は循環器系疾患・精神疾患等、より重大な影響をもたらす疾患のリスク要因であることを考慮すると、「有望な区域」における洋上風力発電計画の健康リスクはきわめて大きいと考えられる。住民の健康保護の観点から発電計画の慎重な検討が求められる。また、より軽度の影響としてさらに多くの住民が入眠妨害を受けることが推定された。

ただし、本報における試算には様々な仮定が含まれており、健康リスクの推定値は過大あるいは過小である可能性がある。注意すべき仮定は複数存在するが、まず、風車の位置について、各海域の中央と

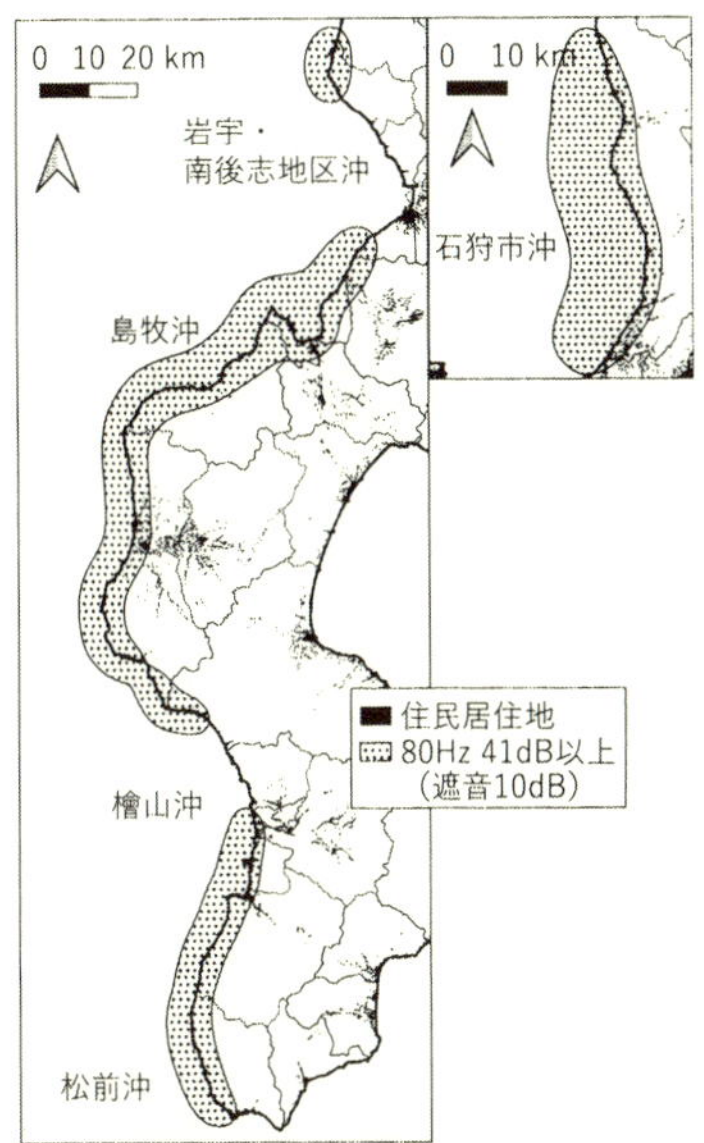

図4：風車騒音の低周波音（中心周波数80 Hzの1/3オクターブバンドレベル）が「参照値」（41 dB）以上となる地域．ただし風車配置は図2に示した通りであり，家屋遮音量10 dBを仮定した．

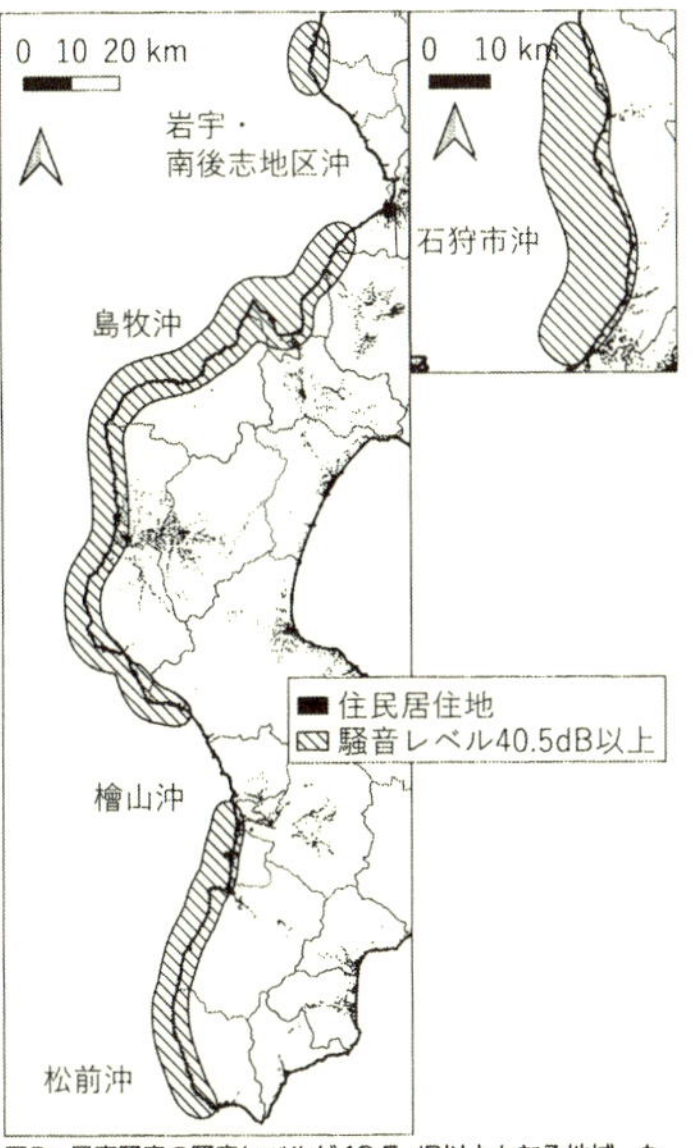

図3：風車騒音の騒音レベルが40.5 dB以上となる地域．ただし風車配置は図2に示した通り．

表2:最大規模(風車1基あたり発電出力15MW)で洋上風車が設置された場合の健康影響の推定値

市町村	不眠症に関するリスク評価		入眠妨害に関するリスク評価
	閾値以上曝露	推定有病数	参照値以上曝露
江差町	6 841	164	6 906
せたな町	4 144	100	5 900
上ノ国町	2 993	72	3 357
松前町	2 846	68	2 882
寿都町	2 838	68	2 838
石狩市	2 110	51	3 361
島牧村	1 298	31	1 298
八雲町	1 230	30	1 231
蘭越町	164	4	175
神恵内村	90	2	90
乙部町	79	2	93
その他	51	1	83
計	24 684	592	28 215

仮定している（図2参照）。実際の風車の位置が陸側であればリスクは大きく、海側であれば小さくなる。また、風車の音響パワーレベルについて、過去の実測値に基づき、発電出力にしたがい大きくなることを仮定している。風車メーカーの技術開発によってパワーレベルはこの想定よりも小さくなる可能性がある。さらに、回折や屈折のないきわめて単純な騒音伝搬を仮定している。海に面した居住地では障害物の影響を無視することは理に適っていると考えられるものの、屈折や海面における反射により騒音のレベルは顕著に上昇する可能性があり、本報における予測値が過小評価になるおそれがある。この他にも、既設の風車による騒音が考慮されていない点も重要である。本報で対象とした海域付近には多数の陸上風車が既に稼働しており、騒音曝露の正確な予測のためには新設風車による騒音と合算して考えるべきである。

また、本報において示した影響住民数は全ての海域で洋上風力発電事業が実施された場合の推定値である。発電事業が一部海域に留まる場合には、影響を受ける住民はこの推定値よりも少ない。ただし、各地における風車騒音のレベルがその近傍の風車によって説明され、遠方の風車に左右されない（例えば、江差町における風車騒音のレベルは石狩市沖の洋上風車に左右されない）ことを考慮すれば、発電事業が行われる海域に面する居住地が影響を受けることに変わりはない。表2において市町村別の影響人口を示したが、各市町村について、その地域が面する海域に風車が設置された場合には、たとえ五海域全体で風車が設置されなくとも、住民への影響は同程度になると考えられる。

本報で対象とした洋上風力発電計画は、計画が具体化する中で環境影響等評価が行われ、上記で示した様な仮定を置くことなしに騒音に関する詳細な評価が行われると見込まれる。しかし、環境影響評価は「促進区域」が設定された後に行われること、住民への健康影響を回避するためには海域の選定がきわめて重要であることを考慮すると、「促進区域」が設定される前、すなわち「有望な区域」が設定されたこの段階で、本報に示すような健康リスクの評価を行うことが望ましいと考えられる。「促進区域」への洋上風力発電設置を前提とした環境影響評価の段階では、風車の設置海域を大きく変更することは困難である。

本報の推定結果および上記の観点から北海道内の「有望な区域」について考察するならば、同区域は発電用風車の設置には不向きな海域であると判断せざるを得ない。沿岸に住民の居住実態がある中で、離岸距離が短いために、住民の多くに風車騒音による健康影響が生じる可能性が高いと考えられる。洋上風力発電の先進地である欧州において一二海里（約二二・二㎞）の離岸距離を確保するのが標準的になっている中で（宮脇、2022）、離岸距離が最短で〇ｍとなるこれらの海域で洋上風力発電を行うことはきわめて非合理的であり、発電所設置に向けた次のプロセスに進む前に、見直しが求められる。

洋上風車は設置可能な水深に限界があるという点において技術的制約を受ける。我が国の沿岸では沖合に進むにつれて急速に水深が大きくなるため、洋上風力発電は海岸からごく近い領域に計画されるのが現状であり、本報で対象とした「有望な区域」もまた同様である。しかし、海外では数百ｍの大水深に対応可能な風車の開発も進められており（エクイノール、2023）、我が国においても数十㎞程度の離岸距離が設定できる可能性がある。洋上風力発電においては、計画の根本的な見直しとともに、有効な技術の活用もまた、本報で指摘した問題点を解決するための重要な鍵になると考えられる。

6．結論

本報では、北海道沿岸に指定された洋上風力発電の「有望な区域」に風車が設置された場合の風車騒音による健康影響に関して推定を行った。推定値に関する不確かさは大きいが、沿岸の住民には無視できないほどの健康影響が及ぶ可能性が高いことが示された。

この「有望な区域」は、風車騒音から住民の健康を保護するという観点からは決して有望ではなく、離岸距離が最短で〇ｍとなる海域の指定は非合理と考えられる。風況や水深などの経済性だけではなく、住民への影響の観点から海域の見直しを行うことが必要である。

残念ながら、我が国においては、その地理的条件および技術的制約から、洋上風力発電施設の離岸距離を十分に確保することが困難であるのが現状である。この状況を打開して風力エネルギーを健全な形で利用することが我々の課題であり、様々な観点に基づく風力発電計画の詳細な検討や、風車の設置可能範囲を大水深へ広げる技術の活用が求められる。また、適切なリスクコミュニケーションのもとでの住民との合意形成が必須であることは論を俟たない。様々な課題の解決をみて初めて洋上風力発電の

「有望な区域」が定まっていくべきであろう。
（参考文献は略）

第七章

地震と津波の風車への影響

二〇二四年の元日に発生した令和六年能登半島地震（マグニチュード七・六）は死者四一二人、住家被害約一三万七〇〇〇棟（二〇二四年一〇月末時点、内閣府調べ）という大きな被害をもたらした。石川県珠洲市や志賀町を主に能登地方に七三基あった陸上の風力発電施設は基礎部分の地割れや回線の切断、ブレードの損傷など大きな被害を受け、地震から数カ月後もほとんどが稼働停止という状態になった。

日本海側はもともと海底に地震の巣がある。この地震以前にも、死者が一〇四人にのぼった日本海中部地震（一九八三年、マグニチュード七・七）、奥尻島を中心に死者が二〇二人に達した北海道南西沖地震（一九九三年、同七・八）等の大地震が発生しており、福岡市付近では有史以来最大規模だった福岡県西方沖地震（二〇〇五年、同七・〇）があった。

国が再エネ海域利用法に沿って進めている洋上風力発電は、この日本海側に集中していることに留意しなければならない。促進区域、有望な区域、一定の準備段階に進んでいる区域などに二七区域が指定されているが、その大半は北海道沖や青森県沖、秋田県沖、山形県沖、新潟県沖など日本海側である（第二章参照）。このように日本海側に集中しつつある洋上風力発電に対する地震や津波の影響についての検討は十分に行われているのか。

防災推進機構の鈴木猛康理事長は、「最も実現性が高い促進区域の検討項目に、地震や津波といった項目がないのが信じられません」と指摘する。鈴木氏は山梨大学の名誉教授であり、地震工学や防災情報システム、危機管理などを専門としている。鈴木氏は、全国再エネ問題連絡会が二四年一月に開催したオンライン会議で、「洋上風力発電に対する津波（日本海東縁部地震帯）の影響について」と題する報告を行った。以下、その要旨を紹介する。

洋上風力発電に対する津波（日本海東縁部地震帯）の影響について——鈴木猛康

日本海に建設されようとしている洋上風力発電について、私はずっと津波の影響を問題視してきた。今回の能登半島地震によって、その疑念が確信に変わった。

今回の能登半島地震は、沿岸の海底の活断層が震源になったと見られている。そして、珠洲市の直下一六キロから断層破壊が始まり、それが南西の輪島市方面へ破壊面が浅くなりつつ伝搬するとともに、輪島市直下でも次の断層破壊が始まった。

両者の波が重なった場所では、一〜二秒の周期のキラーパルス（短周期地震動）が発生した。それは比較的低層の木造住宅との共振を引き起こし、家屋倒壊など大きな被害をもたらした。

沿岸の海底活断層といっても、内陸の活断層とメカニズムはまったく変わらない。ものすごく大きな揺れが起こる。マグニチュード（M）が七・五を超えているので、きわめて甚大な被害が出るということがすぐにわかる断層破壊だった。

どれだけすごいエネルギーかというと、三〇年前の一月一七日に発生した阪神淡路大震災の九倍だ。きわめて大きな破壊力を持った地震だった。

また、東日本大震災のように日本海溝（北米プレートに太平洋プレートが沈み込んでいるところ）で起こる地震は、断層破壊が起こる場所が陸地から約一三〇キロ離れている。津波のスピードは、水深が一番深いところ（六〇〇〇メートル）ではジェット機と同じ時速八〇〇キロだ。

それに対して日本海側では、ユーラシアプレートと北米プレートの境界だろうといわれるところはあるが、日本海溝や南海トラフのようなはっきりしたプレート間のくぼみはない。そして、沿岸の断層からの距離がわずかしかないので、数分で津波が到達する。

日本海東縁部は〝地震の巣〟、洋上風力の促進区域

日本海のユーラシアプレートと北米プレートの境界、日本海東縁部は、地震の巣になっている（図①参照）。一九九三年には北海道南西沖地震（M七・八）があった。震源に近い奥尻島では、地震後三分で三〇メートルの津波が来たという。火災や津波で二〇二人が亡くなった。秋田の沖では一九八三年に日本海中部地震（M七・七）があった。津波で一〇〇人が死亡し、子どもたちもたくさん亡くなった。新潟地震（M七・五）は一九六四年で、沿岸部で家屋倒壊、津波、火災による被害が出た。

山形と秋田の間に地震の空白域があるが、ここではマグニチュード七後半の地震が発生することが想定されている。

今、国は再エネ海域利用法にもとづいて、洋上風力発電の建設を促進する促進区域を指定している。

日本海側を見ると、まず北海道では、①石狩市沖、②岩宇・南後志地区沖、③島牧沖、④檜山沖、⑤松前沖が、促進区域指定の第二段階である「有望な区域」に指定されている。②③は着床式だが、同時に浮体式でも第一段階の「一定の準備段階に進んでいる区域」に入り、経産省が今年から調査を始めるといっている。

青森県では、⑥青森県沖日本海（南側）が「促進区域」に、⑦青森県沖日本海（北側）が「有望な区域」に指定され、⑥は事業者公募が始まった。秋田県では、⑧八峰町・能代市沖、⑨能代市・三種町・男鹿市沖、⑩男鹿市・潟上市・秋田市沖、⑪由利本荘市沖（北側、南側）がいずれも「促進区域」に指定され、⑨⑩⑪は事業者選定が終わっている。

山形県では⑫遊佐町沖が「促進区域」に指定されて事業者の公募が始まり、⑬酒田市沖が「有望な区域」に指定された。新潟県では⑭村上市・胎内市沖が「促進区域」に指定され、事業者選定が終わった。

そしてこれら「促進区域」や「有望な区域」に指定されたところが、前記の地震の巣に集中している。しかし、ここに洋上風力を建てるうえで地震や津波は検討項目にあがっていない。

海底活断層は、「地震発生可能性の長期評価」ができていない

日本には内陸の活断層は約二〇〇〇あるといわれている。活断層とは、一万年よりも最近に動いたことが確認されており、これからも動くだろうと推定される断層のことだ。この二〇〇〇の活断層のうち、M七級の地震を発生させる恐れのある主要な約一〇〇の活断層については、文科省の地震調査研究推進本部が「地震発生可能性の長期評価」をおこなっており、今後三〇年内にどれくらいの確率で発生し、

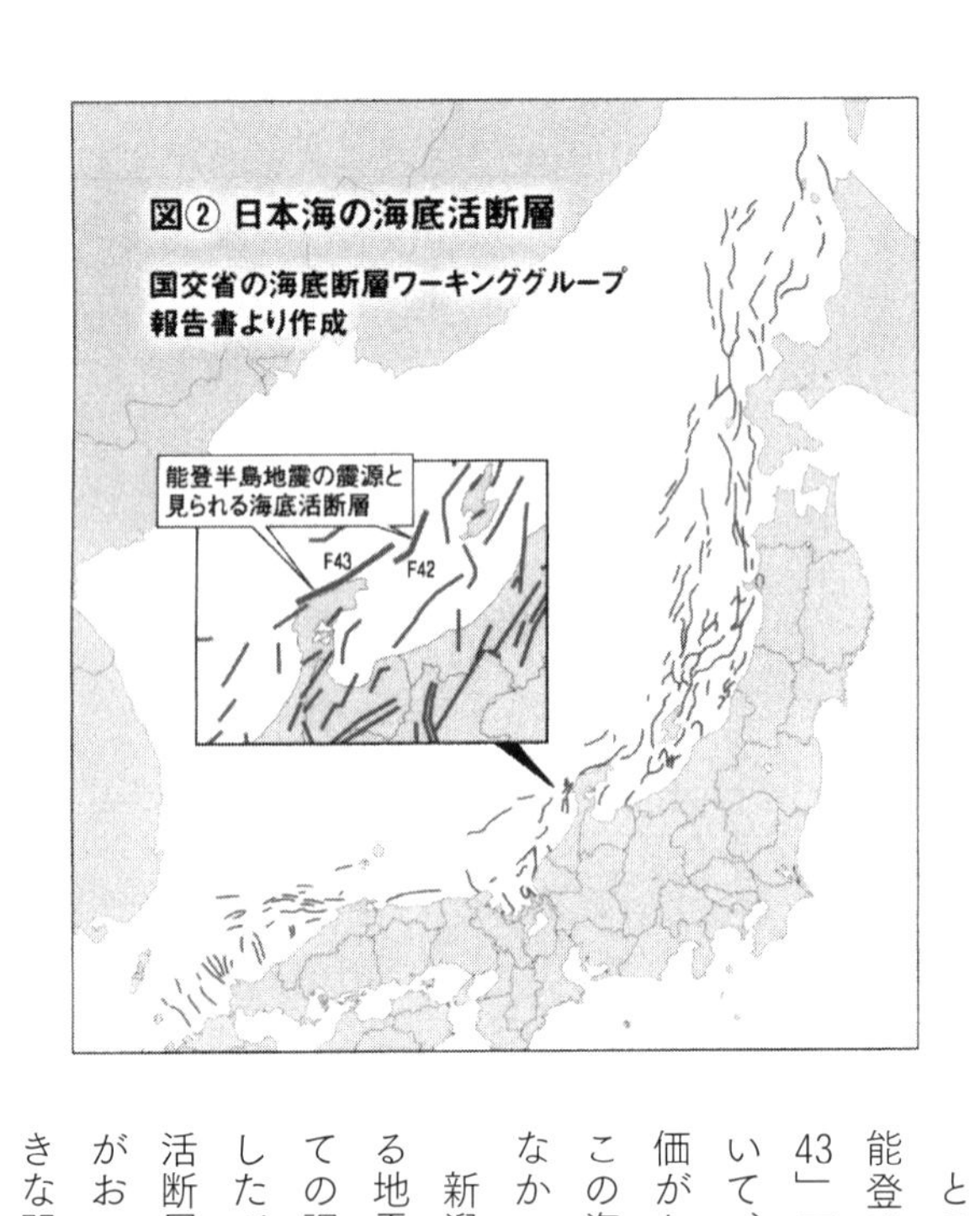

どれくらいの規模になるかを評価している。

ところが、海底活断層はそれができていない。能登半島地震の震源になったと見られる「F43」「F42」と呼ばれる二本の海底活断層について、文科省による調査の最終段階であり、評価がおこなわれていなかった。だから石川県は、この海底活断層を地震被害の想定に考慮していなかった。

新潟から山形、秋田、青森、北海道へと連なる地震の巣といわれる地域の海底活断層についての調査は、これからおこなわれる予定である。したがって評価されてもいないのに、これらの活断層による地震を想定した構造物の耐震設計がおこなわれているわけがない。ここが一番大きな問題だ。

図②に示されている海底活断層は、船を使って音波で調査したものだ。しかし、活断層の評価をするためには、そこをボーリングして何年に一度、どのように動いたかなどを調べなければならない。そのためにはたいへんな時間とお金がかかる。実は現在、九州から始めて能登半島あたりまで終ったところだ。能登半島地震発生後、大急ぎで兵庫県北方沖〜新潟県上越地方沖の長期評価がおこなわれ、二四年八月に公表された。新潟から北海道まではその後だ。

それでも大丈夫というのなら、その根拠を示すべき

この沿岸の海底活断層で破壊が生じると、あっという間に津波が海岸に押し寄せる。船舶は、通常であれば、地震の直後に津波の影響の少ない沖へ避難する。津波は水深が深いほど波が小さく、浅いほど波が高くなる。というのは、いったん沈み込んだ、あるいは盛り上がった海水が一気に押し寄せてくるからだ。浅くなればなるほど、流れてくる海水の量は変わらないので、波は高くなる。

ところが日本海の海底活断層で地震が起こった場合、船舶は沖に避難する時間的余裕がない。船も住宅も自動車も流され、陸と海の間を往復することになる。それもユラユラと流されるのではない。津波は時速二〇〜三〇キロのスピードで陸に上がってくることがある。だから逃げられない。

こういうことの影響がほとんど考慮されないまま、陸上風力も、着床式の洋上風力も浮体式の洋上風力もつくられようとしている。だから私はずっと疑念を抱いていた。

着床式の洋上風力は、モノパイル基礎やジャケット基礎だ。深い場所での浮体式洋上風力になると、海底面に固定したチェーン等で係留する。そして海上に高さ二〇〇メートルをこえる風車を据える（図③参照）。

津波についてだが、普通の波は海水面近くの波浪で、深い海底では海水は動いていない。ところが津波は、底から海水面まで一緒に動いてくる。サンゴ礁などはズタズタになる。それが陸上に到達するとすごいパワーを発揮する。

まず、洋上風力は津波に耐えられるか。どのくらいの津波まで耐えられるのか。津波で海底の海水が動き、チェーンが引っ張られる。そこには家も船も流れてきて、構造物に衝突する恐れがある（図④参照）。それでも大丈夫というのなら、その根拠を示してほしい。ここがはっきりさせられていないのに、なぜ超大型の風車をつくることにゴーサインが出るのか、私は理解できない。

なぜ、日本の沿岸にこんな大型の構造物がつくられるのか

私は地震工学を専門にしてきた。地震工学のなかには地盤の揺れを研究する分野もあれば、建物の揺れを研究する分野もあるが、そのなかに海岸工学という分野がある。海岸には海底面があり、海水面があり、構造物があるが、波浪や津波そのものや構造物への波浪の影響などを研究する分野だ。

そして、海岸や陸上の構造物に対する津波の影響について研究され始めたのは、せいぜい一一年の東

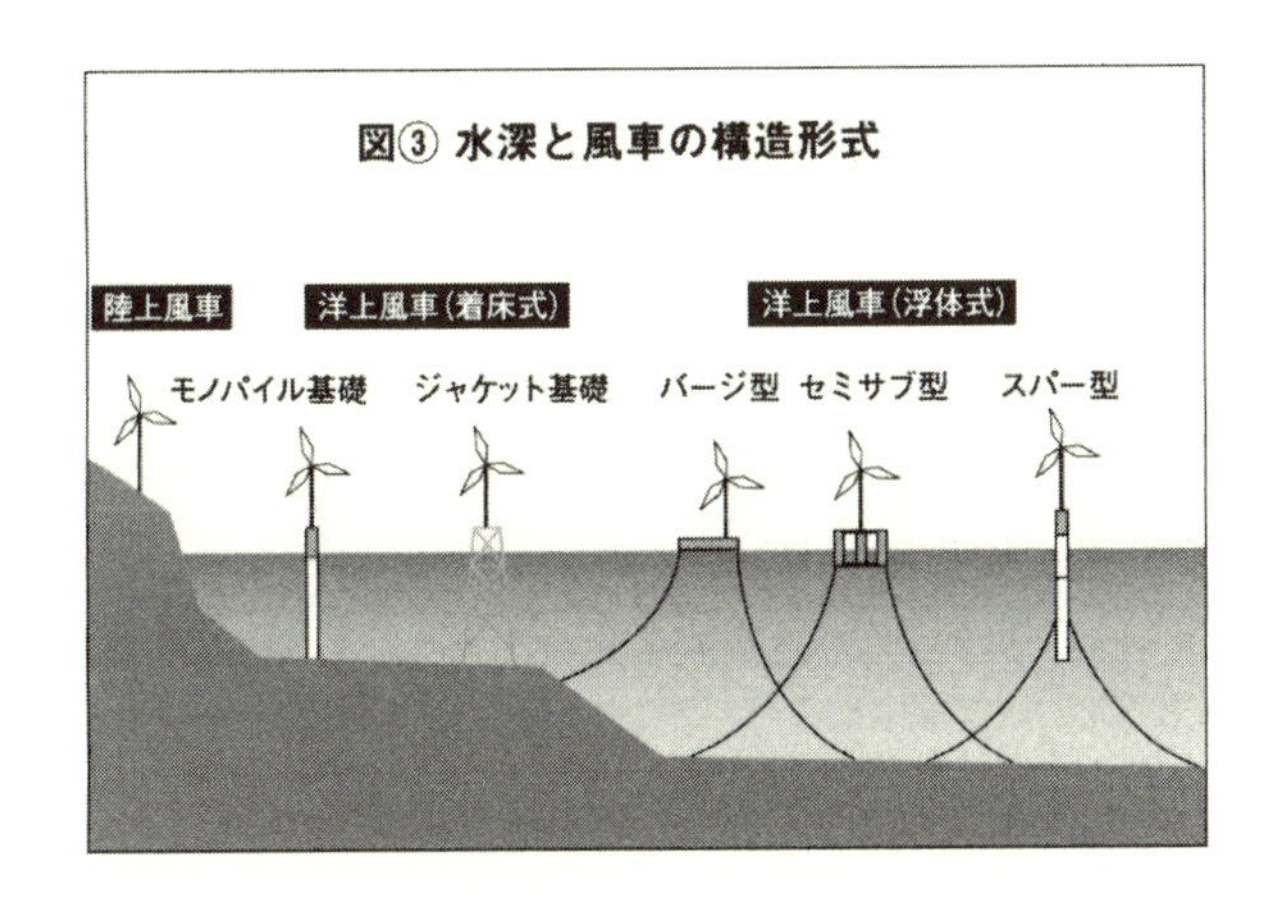
図③ 水深と風車の構造形式
陸上風車
洋上風車(着床式)
洋上風車(浮体式)
モノパイル基礎
ジャケット基礎
バージ型
セミサブ型
スパー型

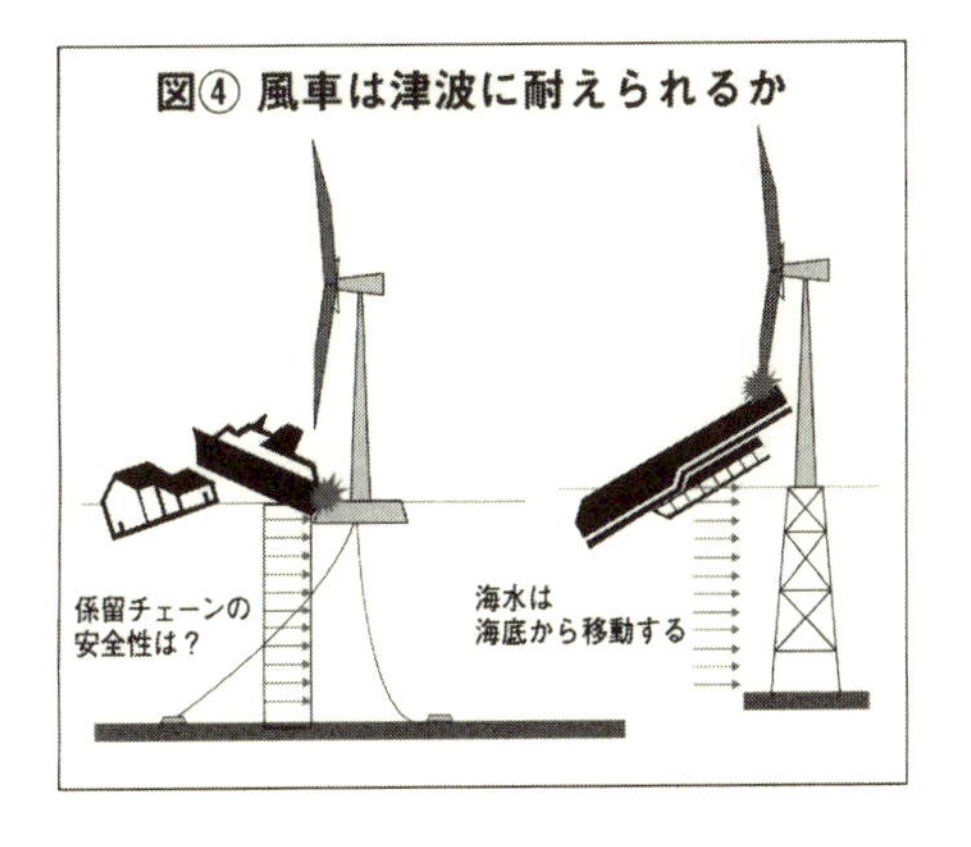
図④ 風車は津波に耐えられるか
係留チェーンの
安全性は？
海水は
海底から移動する

日本大震災の後だ。津波によって巨大な力がかかるのに、それまでは設計方法がなかったわけだ。

現在、海岸構造物についてある程度は津波の影響を考慮する設計方法が示されているが、洋上風力のような巨大な海洋構造物については確立されていない。津波のシミュレーションもおこなっている海岸工学を専門とする友人に聞いてみたが、大津波による係留構造物の安定性を解析したり、設計する方法を研究している研究者は日本にはいないそうだ。なのになぜ、日本の沿岸にこんな大型の構造物がつくられるのか。

今回の能登半島地震では、四メートルの隆起があった。それも一定の高さ分だけ隆起するのではなく、当然ながら傾斜している。その場合、海底に固定したはずのジャケットの基礎が動いたらどうなるのか？

また、能登半島地震では、揺れの強さの目安となる「最大加速度」は二八〇〇ガルだった。重力の二・八倍の加速度が発生したわけだ。一般的に耐震設計で使われる加速度は、重力の〇・三～〇・五倍くらいだ。志賀原発は重力の〇・三八倍の加速度が加わったときに「安全です」という設計をしているようだ。しかし今回は、直下型地震で二・八倍の加速度が観測されたし、上下方向でも二・六倍が観測されているので、大きな石があったならジャンプしているはずだ。このときに重い駆体を持つ巨大風車が耐えられるのか？

文科省の地震活動評価が終わるまで洋上風力発電を行ってはならない

さらに、津波によって巨大風車の一部が船や家や流木とともにものすごいスピードで陸に流れ込み、凶器となる可能性がある。また、停電によって風車の運転停止機能が作動せず、ブレードが回り続けるかもしれない。

私は今回の海底活断層を震源とする能登半島地震を見て、日本海には地震の巣がたくさんあり、それも沿岸にたくさんの断層があるわけだから、能登半島地震と同じ現象が新潟から北海道まで、どこでも起こる可能性があるという確信を得た。したがって沿岸の海底活断層について、文科省の地震調査研究推進本部による地震活動の評価が終わってからでないと、洋上風力発電に手をつけてはいけない、ということを強調したい。

活断層の活動がわかってくると、どんな揺れが、どんな地盤変動が、どんな津波が襲ってくるかということがだいたい予測できる。そのときはじめて、この三つの影響を評価した洋上風力発電の設計方法を決めることができる。今はそれが示されていない。

そして、われわれ研究者が理解できるような設計方法が示されれば、例えば土木学会の地震工学委員会に委託して、それを評価してもらう。設計方法が確立され、洋上風力が「安全」だと事業者が主張するのであれば、その妥当性を審査する第三者機関を立ち上げるよう事業者に求めていく必要がある。

ところがその前提にまったく手がつけられていないのに、こんな危険な構造物を受け入れるわけにはいかないというのが私の考えだ。

今回の能登半島地震について、すでにいろいろな学術団体が調査結果を公表しており、研究者のなかでは情報が共有できている。その成果にもとづいてこの意見をまとめた。まずは能登半島地震でわかったこと、その教訓をどう生かすのかを明確にするのが一番だと考えている。

第八章

広大な埋立地の沖に巨大な風車群

風力発電は景観の悪化、低周波音被害、津波被害の懸念など様々な問題が明らかになってきた。風力発電の建造が始まって約三〇年経つが、いま踊り場に差しかかっているのは間違いない。

すでに着工されている響灘洋上ウインドファームについても、こうした視点で厳しく検討し直す必要がある。最大の問題は、各国の洋上風力発電が沖合一〇km以上に設置されているのに、響灘洋上ウインドファームは海岸から二〜八kmくらいの海域に建造されつつあることだ。

まず景観について見ると、沖合数kmくらいに高さ二〇〇mもある巨大風車が二五基も設置されたら、若松の北海岸の景観は激変するというより、破壊される。もはや響灘ではなく、風車灘になる。響灘の岸辺で育ってきた筆者にとって原風景の破壊であり、これまでの人生を踏みにじられるような気がする。

筆者と同じ思いの人は多いはずである。

風車による景観の変化について、和歌山県の知事や首長たちが垂直見込角などについて細かく意見しているが、彼らが響灘洋上ウインドファームのことを知ったら、驚愕するのではないか。率直な感想を聞いてみたいものである。

低周波音の海

次に低周波音被害である。第六章で見たようにフィンランド環境衛生協会によると、風力発電による低周波音は、どのような環境であっても優に一五〜二〇㎞は到達可能であることが判明している。とすると、沖合数㎞に設置されつつある響灘洋上ウインドファームは決して安全ではない。そして、北海道大学助教の田鎖順太氏が北海道沿岸について推定したような健康影響が広範囲に及ぶ。響灘洋上ウインドファームの風車はひとたび稼働を始めたら、毎日、毎晩、低周波音を発し続ける。まして、響灘洋上ウインドファームの風車は高さ約二〇〇m、出力九六〇〇kWと国内最大級である。

すぐそばの北九州市若松区だけでなく、同戸畑区や八幡東区、八幡西区、小倉北区、門司区に加え、芦屋町（福岡県遠賀郡）、水巻町（同）、遠賀町（同）、山口県下関市などで低周波音被害が発生する恐れがある。

下関市といえば、下関市医師会北浦班が風車からの低周波音被害の懸念を訴えて、前田建設工業による安浦沖洋上風力発電計画を凍結に追い込んでいる街だ（第三章参照）。この下関の市街地は響灘洋上ウインドファームから一〇㎞以内。前田市長は「安岡沖洋上風力発電は私が絶対に止める」と述べているが、すぐ沖合の響灘洋上ウインドファームからの低周波音が届いたら、元も子もなくなる。せっかく地元の洋上風力発電計画を凍結させているのに、とんだ近所迷惑となる。下関で計画凍結となっている前田建設工業による安岡沖風力洋上風力発電事業は、四〇〇〇kWの風車を最大一五基建造（最大出力六万kW）するもの。これに対し、響灘洋上ウインドファームは九六〇〇kWの風車二五基による最大出力二二万kWだから、規模が四倍近い。下関市街地から一〇㎞以内の海域にこんな風力発電ができるとなると、下関市民としては安岡沖どころではない。北九州市に渡って、それ以上の反対運動を繰り広げざるをえないかもしれない。

国は風力発電による低周波音と健康被害の因果関係を認めていない。だから響灘洋上ウインドファームによって低周波音被害を受けて裁判を起こし、「風車を撤去してくれ」と訴えても、絶対に勝てない。「風力発電施設は建てられたら終わり」とはそういうことだ。低周波音被害が耐えられないなら、低周波音が届かない遠方に引っ越していくしかない。若松区をはじめ北九州市内に家族や親族、友人、知人が住む筆者としては、これほど危険な響灘洋上ウインドファームの建造を認めるわけにはいかない。

景観の破壊、低周波音被害の懸念に加え、津波による被害も想定しておかなければなるまい。福岡県は地震が比較的少ない地域だが、〇五年三月二〇日に福岡県西方沖地震が発生している。マグニチュード七・〇で、最大震度六弱。福岡市及び西部に被害が発生し、死者一人、負傷者約一二〇〇人、住家全壊約一四〇棟となった。震源の深さは九㎞と浅かったが、横ずれ断層だったため、津波は発生しなかったと見られている。しかし、今後も福岡県北部で起きる地震で津波が発生しない保証はない。

支柱の高さが一一〇m、ブレード（翼）の直径が一七四mもある響灘洋上ウインドファームの巨大風車が津波によって破壊され、近辺の海岸に押し寄せてきたら、海岸部も大きな被害を受ける。南の若松区の海岸に押し寄せるとは限らない。もし北側に流されて、すぐそばにある白島国家石油備蓄基地に押し寄せたら、石油流出、海洋汚染の危険性もある。白島国家石油備蓄基地は、世界最大の洋上石油備蓄基地であり、五六〇万㎘の備蓄能力がある。洋上石油備蓄基地のすぐそばに、巨大な風力発電施設を建造するのは、素人目にも危険である。

魚介類の恵みにあふれたきれいな海だった

響灘洋上ウインドファームは、若松区の北岸、響灘臨海工業団地や廃棄物処分場の沖合で建造が進められているが、元々、ここに工業団地や廃棄物処分場などなかった。若松区では南側の洞海湾沿いに工場が集中しており、北岸は響灘に面した自然の海岸だった。その響灘を半世紀以上に渡って、土砂や産業廃棄物などで埋め立てて造成したのが、今日の響灘臨海工業団地や廃棄物処分場である。

筆者が子どもの頃、一九六〇年代くらいまで、響灘は本当にきれいな海であった。筆者が通った向洋中学はその名の通り海岸に面しており、響灘を一望できた。白島の女島と男島、藍島(あいのしま)、蓋井島(ふたおいじま)などの島並みが鮮やかで、対岸の下関や豊浦の山並みが手に取るように見えた。

響灘の水はさらさらして、透明感があった。夕方、潮が引いた後にできる潮溜まりでは小魚やワタリガニ、ムラサキウニなどがよく獲れた。砂を掘るとアサリもよく獲れた。岩にへばりついているビーナという巻き貝をバケツ一杯採って帰宅すると、母が塩ゆでしてくれ、爪楊枝で身を取り出してたくさん食べた。それから後、ビーナを食べたことはない。

岸辺から沖に向けて、大きな岩を積んだ長い堤防が伸びており、磯釣りを楽しめた。アブラメやウミタナゴなど煮付けにすると美味い魚が入れ食いで、春先はサヨリの群がすぐそばに寄ってきた。小川の河口ではウナギがよく釣れ、器用な父が蒲焼にしてくれた。ウナギは自分で捕まえてくるものだと、ずっと思っていた。高校生の頃、イナ(ボラの子)をたくさん取って帰ったら、弁当のおかずがイナの煮つけばかりになって閉口したものだ。響灘に沈む夕陽は赤々と大きく、夜になると、沖合にイカ釣り漁船の漁火がひしめいていた。

埋立事業は高度経済成長期に立案されたバラ色の計画

一九七〇年代に入ってから、海岸は変わっていった。

戦後間もない頃から立案されていた「響灘埋立計画」が実行され始めたからである。一九五八年(昭和三三年）頃には、若松区の北岸に一〇〇〇万坪（約三三〇六ヘクタール）の埋立地を造成する計画が固まっており、その利用内訳は、空港が一三〇〇ヘクタール、製鉄工場七三〇ヘクタール、精油工場五三〇ヘクタール、自動車工場一三〇ヘクタール、セメント工場一二〇ヘクタール、造船工場一〇〇ヘクタール、貿易港一〇〇ヘクタール、その他工場用地三〇〇ヘクタールというものだった。大陸貿易の拠点となる北九州地区は平野部が少ないため、既存の工場が排出する残滓や市内洞海湾の浚渫泥などを埋立資材として埋立事業（土地造成）を進めるという計画趣旨だった。高度経済成長が始まった頃に立案されたバラ色の計画であった。

このプランを踏まえて、地元企業の産業廃棄物処分場確保などを目的とするひびき灘開発株式会社が七三年二月に設立された。北九州市や福岡県、民間企業などの出資による第三セクターの会社である。

ひびき灘開発の初代社長は、当時北九州市長だった谷伍平氏だった。響灘埋立事業に賭ける市の意気込みが表れている。北九州市は工場の労働組合が多いため、社会党（当時）や共産党など革新系が強く、谷氏の前の市長吉田法晴氏は革新系だった。だが、六七年の市長選で、谷氏は吉田氏に約七万票の差をつけて当選を果たした。その陰には、谷氏の国鉄時代の先輩であった佐藤栄作首相（当時）の応援があったといわれた。

筆者は中学、高校の頃、響灘に面した海岸沿いの道でサイクリングを楽しんだ。若松の西部、九州でも有数の野菜産地である有毛地区との往復一時間半くらいの行程は快適だった。だが、埋め立てが始まると土砂や廃棄物を満載したトラックがひっきりなしに通行し、狭い道で接触するのが怖いから、自転車に乗らなくなった。

地続きの埋め立てだったから、某アルミメーカーの廃棄物で海岸が真っ赤に染まっていったのが悲しかった。

東日本大震災のがれきも受け入れた巨大なごみ捨て場

この埋立事業にとって不運だったのは、ひびき灘開発が設立された七三年二月の半年後に第一次石油危機が起き、約一七年続いた高度経済成長が終わったことである。不況、低成長の時代となり、北九州市の基幹産業を揺るがす鉄冷え（鉄鋼不況）も始まった。日本経済に急ブレーキがかかったから、響灘埋立地に進出する企業などない。その頃に埋立事業を中止すべきだった。

今日、埋立地（廃棄物処分場を含む）の総面積は約二〇〇〇ヘクタールに達する。かつての埋立計画は一〇〇〇万坪（三三〇六ヘクタール）だったから、達成率は約六割である。埋立地は中央の港湾部をはさんで、東地区と西地区に分かれる。東地区は、響灘臨海工業団地として進出企業や港湾機能が集中しているが、大半は遊休地である。西地区は主として廃棄物処分場になっている。東日本大震災の時、この廃棄物処分場は宮城県石巻市の災害廃棄物（がれき）を受け入れ、復興に貢献した。しかし、廃棄物処分場が巨大なごみ捨て場にすぎないことに違いはない。

当初の響灘埋立計画は空港や製鉄工場、精油工場、自動車工場、セメント工場、造船工場、貿易港などを誘致、建造するものであった。その計画と現在の姿は大違いである。

もっとも、空港は地形上無理だったそうだ。日本の空港は風向の関係で、滑走路が北北西から南南東向けに配置されているところが多い。だが響灘埋立地の南には標高一二四mの高塔山や同三〇二mの石峰山などが聳えているから、滑走路が造れなかったという。

埋立地の東地区には、北九州市エコタウンセンターや北九州エコタウン実証研究エリア、北九州市響灘ビオトープなどがある。エコタウンセンターは、廃棄物をゼロにすること（ゼロエミッション）を目指す北九州市の環境学習拠点。ビオトープは、廃棄物による埋立後にできた湿地や淡水池、草原などの多様な環境に生息する様々な生物を観察できる施設とか。そして、これらがそろった響灘地区を「響灘エコフロンティアパーク」と呼ぶらしい。

かつて大自然そのものだった響灘というきれいな海を奪われ、広大な遊休地やごみ捨て場に換えられた地元の人間は、そういう言葉の意味がよくわからない。凄まじい環境破壊によってできた無用の長物に等しい広大な埋立地にエコタウンセンターなるものをつくり、そこにできた水たまりをビオトープと呼ぶ感覚には、ついていけない。

工場が進出して来るあてなどなかったのだから、早々に埋め立てを中止し、環境破壊を少しでも食い止めておけばよかったのである。当初の響灘埋立計画には「市の産業振興を図る」という目的があったが、第一章で見たように今日の市の工業出荷額はピーク時（八五年）より二三％も減っている。

埋立事業の意味をすべて否定する気はないが、やはり響灘埋立は環境を破壊しただけで、当初の狙いとはまったく別のものになってしまったと言わざるをえない。

大手メーカー三社はすでに撤退

そして今度は、広大なごみ捨て場と遊休地のすぐ沖に、高さ二〇〇mの巨大な風車を二五基設置して風力発電を行うという。

もういい加減にしてほしい。かつて中学の窓から眺めた雄大な響灘が、まるでお化け屋敷のようになってしまう。

国が洋上風力発電導入の拠り所にしている再エネ海域利用法は広くＥＥＺ（排他的経済水域、二〇〇海里以内）内に建造することを想定している。だったら響灘洋上ウインドファームも、欧州のようにずっと沖合に浮体式で建造すればいいではないか。そうすれば、景観を破壊することはないし、低周波音被害の心配もない。

北九州市はこの響灘洋上ウインドファームを端緒として風力発電関連産業の総合拠点化を目指しているが、決して楽観はできない。日本の風力発電市場は欧州や中国よりはるかに小さく、設置基数が伸び悩んでいるからだ。世界風力会議（ＧＷＥＣ）によると、二二年における日本の風力発電の新規導入量二三三MWは世界の〇・三%で、国別の一六位以下。上位は中国や米国、ブラジル、ドイツ、スウェーデン、フィンランド、フランス、インド、英国、スペインなどである。二二年末における日本の風力発電の累積導入量四八〇四MWは世界の〇・五%で、同じく国別の一六位以下である。

日本風力発電協会によると、風車の大型化により国内の累積導入量は増えているが、風車の累積設置基数は伸び悩んでいる。九〇年代以降に建造された風車が約二〇年といわれる寿命を迎え、撤去数が増えているからだ。二三年の新規設置基数は一五八基だが、撤去数が七二基あり、純増は八六基でしかない。景観の悪化や低周波音による健康被害などで風力発電への逆風が強くなっているから、新規設置基数の伸びはさらに鈍化するかもしれない。

何より日本は、風力発電の適地が電力の大消費地から遠いという根本的な問題がある。欧州など世界の風車市場も環境規制の強化や資材高騰などで鈍化気味だから、日本政府が見込んでいるほどの成長は難しいと見られている。

日本の風力発電施設メーカー三社がすでに撤退しているのは、こうした内外の状況を見込んでのものだろう。風力発電施設を製造してきた日本製鋼所、日立製作所、三菱重工業の三社は、一九年から二〇年にかけて相次いで生産から撤退することを表明したのである。一九年から二〇年にかけてといえば、国が洋上風力発電の「促進区域」や「有望な区域」などの選定を行っていた頃である。それでも三社は撤退を決断した。それゆえか、響灘洋上ウインドファームの風車は国産ではなく、ベスタス社(デンマーク）製である。

北九州市が風力発電関連産業の総合拠点化を目指すなら、こうした市場動向をよく見極めなければなるまい。

端緒となる響灘洋上ウインドファームを市民に内緒で造っているようでは、道は険しそうだが。

梶原一義（かじはら・かずよし）

ライター。1953年生まれ。北九州市若松区出身。
早稲田大学商学部を卒業後、ダイヤモンド社に入社。『週刊ダイヤモンド』記者としてマクロ経済や中小企業、総合商社、化学、医薬品、窯業などを担当。以後、各種経営情報誌や単行本などの編集に従事。著書に『税金格差』（クロスメディア・パブリッシング）、『日本型「談合」の研究』（毎日新聞出版）。

響灘洋上風力発電に反対する

2025年2月10日　第1版第1刷発行

著者………梶原一義
発行所……株式会社 日本評論社
〒170-8474　東京都豊島区南大塚3-12-4
電話03-3987-8621（販売）　振替00100-3-16
https://www.nippyo.co.jp/
印刷所……精文堂印刷
製本所……牧製本印刷
装幀………デザインスタジオ・シープ

　ISBN 978-4-535-58796-0